古民居改造

凤凰空间·华南事业部 编

U0222366

江苏凤凰科学技术出版社

目录

第三章　焦点·改造案例解析

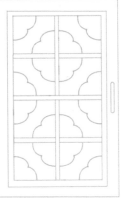

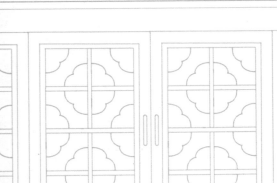

第一章 ○ 源起 ·

建筑遗产保护

一、建筑遗产的基本知识

1 建筑遗产

建筑遗产包括以下建筑物或构筑物：

① 在城市发展史、建筑史上有重要意义的建筑；

② 传统建筑和具有传统建筑风貌的建筑群；

③ 历史上与重大事件或社会现象有关的建筑；

④ 具有较强个性特点或城市标志性的建筑；

⑤ 著名建筑师设计的优秀建筑；

⑥ 具有历史、艺术或科学价值的外来形式的建筑；

⑦ 各类建筑中所包含的非物质文化遗产。

2 文物建筑[①]

在中华人民共和国境内，下列文物受国家保护：具有历史、艺术、科学价值的古文化遗址、古墓葬、古建筑、石窟寺和石刻、壁画；与重大历史事件、革命运动或者著名人物有关的以及具有重要纪念意义、教育意义或者史料价值的近现代重要史迹、实物、代表性建筑；反映历史上各时代、各民族社会制度、社会生产、社会生活的代表性实物。

文物分为可移动文物和不可移动文物。可移动文物分为珍贵文物（一级、二级、三级）和一般文物。不可移动文物也称为"文物古迹"，包括6类（可细分59个子类）[②]：古文化遗址、古墓葬、古建筑、石窟寺及石

---

① 《中华人民共和国文物保护法》第二、三条。
② 《第三次全国文物普查不可移动文物分类标准》。

刻、近现代重要史迹及代表性建筑和其他。不可移动文物根据它们的历史、艺术、科学价值，可以分别确定为全国重点文物保护单位，省级文物保护单位，市、县级文物保护单位①。

3 历史建筑

历史建筑是指经城市、县人民政府确定公布的具有一定保护价值，能够反映历史风貌和地方特色，未公布为文物保护单位，也未登记为不可移动文物的建筑物、构筑物②。

4 建筑遗产的价值

①历史价值：证史、正史、补史。建筑遗产是记录历史的真实载体，饱含历史传递下来的信息，帮助人们恢复历史的本来面貌；证实文献之记载，校正文献之谬误，补充文献记载之缺佚；形成国家和民族认同感的物证，甚至成为国家和民族的象征。

②科学价值：主要包括知识、科学、技术等内涵。建筑遗产反映了其产生时代的科学技术和生产力水平，说明那个时代的社会经济、军事、文化状况。

③艺术价值：建筑遗产作为一种人文景观，人们在欣赏其艺术成就之中，得到美的享受和智慧的启迪；从中陶冶情操、汲取精华、学习借鉴以资创新。

④文化价值："文物是不可再生的文化资源。国家加强文物保护宣传教育，增强全民文物保护意识，提出文物保护的科学依据，提高文物保护的科学技术水平"③。

⑤使用价值：为人们提供了各种使用空间，其实用性一直延续至今。

①《历史文化名城保护规划规范》（GB 50357—2005）。
②《历史文化名城名镇名村保护条例》第四十七条。
③《中华人民共和国文物保护法》第十一条。

二、文物建筑保护

1 文物建筑保护方针和原则[①]

①文物工作贯彻保护为主、抢救第一、合理利用、加强管理的方针。

②基本建设、旅游发展必须遵守文物保护的方针，其活动不得对文物造成损害。

③对不可移动文物进行修缮、保养、迁移，必须遵守不改变文物原状的原则。

④使用不可移动文物，必须遵守不改变文物原状的原则。

2 文物建筑"四有"工作

各级文物保护单位，分别由省、自治区、直辖市人民政府和市、县级人民政府划定必要的保护范围，作出标志说明，建立记录档案，并区别情况分别设置专门机构或者专人负责管理。县级以上人民政府文物行政部门应当根据不同文物的保护需要，制定文物保护单位和未核定为文物保护单位的不可移动文物的具体保护措施，并公告施行[②]。

此"四有"工作即可概括为：

①划定保护范围。

②作出标志说明。

③建立记录档案。

④设置管理机构。

①《中华人民共和国文物保护法》第二、三条。
②《第三次全国文物普查不可移动文物分类标准》。

3 文物保护单位保护规划

（1）保护规划的法则

2004 年 8 月，国家文物局颁布实施了《全国重点文物保护单位保护规划编制审批办法》和《全国重点文物保护单位保护规划编制要求》。

按照《全国重点文物保护单位保护规划编制审批办法》的规定，省级和市、县级文物保护单位保护规划的编制审批办法，由省级文物行政部门参照该办法另行制订。因此，文物保护单位所在地省级文物行政部门另有规定的，按照其规定执行。

文物保护单位所在地省级文物行政部门未有规定的，建议参照《全国重点文物保护单位保护规划编制审批办法》和《全国重点文物保护单位保护规划编制要求》执行，并征得省级文物行政部门的同意，同时对保护规划编制单位的资质要求、审批权限等作相应的调整。

山西平遥锦宅

（2）保护规划编制概要

①保护规划的作用：文物保护单位的保护规划是实施文物保护单位保护工作的法律依据，是各级人民政府指导、管理文物保护单位保护工作的基本手段。

②保护规划的类型：根据文物保护单位的规模和复杂程度，保护规划可分为"总体规划"和"专项规划"。对于规模特大、情况复杂的文物保护单位，应首先进行可行性研究并编制"总体保护规划纲要"。

③保护规划的期限：规划期内可根据要求分为近期、中期、远期。近期规划一般不超过 5 年，远期一般为 20 年。

④编制的原则和要求：真实性和完整性；科学性、前瞻性、可操作性；合理利用、协调发展。

⑤编制单位的资质：对于全国重点文物保护单位，承担编制保护规划的单位必须具有国家文物局认定的相应资质。对于省级和市、县级文物保护单位，承担编制保护规划的单位必须具有省级文物行政部门认定的相应资质。

（3）保护规划的主要内容

总体保护规划纲要包括文字说明和必要的示意性图纸。总体规划和专项规划一般由以下四个部分组成：

①规划文本——表达规划的意图、目标和对规划的有关内容提出的规定性要求。

②规划图纸——用图像表达现状和规划的内容，包括"保护规划基本图纸""保护规划说明图纸"和"保护规划补充性图纸"。

③规划说明——论证规划意图、解释规划文本，包括文物保护单位的价值与重要性、现状与管理等各项评估的详细内容。

④材料汇编——有关文物保护单位的各类基础资料；规划的依据；编制保护规划需搜集、研究的其他基础资料。

保护规划的核心内容是"价值评定""保护区划"和"保护措施"：

①价值评定——包括历史价值、科学价值、艺术价值。

山西平遥锦宅

②保护区划——包括保护范围、建设控制地带、环境协调区。

③保护措施——包括管理控制的要求和各类技术层面的措施。分为"一般保护措施""特殊保护措施"和"防灾应急措施预案",必要时还会制定专项保护工程及其他工程规划。

（4）划定保护范围

保护范围是对文物保护单位本体及周围一定范围实施重点保护的区域,根据文物保护单位的类别、规模、内容以及周围环境的历史和现实情况合理划定,并在文物保护单位本体之外保持一定的安全距离,确保文物保护单位的真实性和完整性。

划定保护范围的目的,是要维护文物保护单位的完整性,明确保护单位的界限,避免产生权属不明确的"灰色地带",确保文物保护单位的安全性和实施有效的管理。

划定保护范围,是要明确文物保护单位自身所在的空间范围,就是要划定保护范围的平面边界线。在保护范围内,除主体建筑外,还应包括室外的散水、地下的基础、受力范围内的护坡和挡土墙等,以及建筑物周边的道路、围墙等。保护范围内或外围应有贯通的消防通道。

（5）划定建设控制地带

建设控制地带是在文物保护单位的保护范围外，对建设项目加以限制的区域，根据文物保护单位的类别、规模、内容以及周围环境的历史和现实情况合理划定。

划定建设控制地带的目的，是为了保证文物保护单位的安全（避免火灾、地震及其他自然和人为因素造成的破坏或不利影响），保护文物保护单位的环境和历史风貌（控制周围建筑的距离、尺度、风格、色彩等），也为文物建筑的继续利用创造必要的条件。此外，还要兼顾周围地带的土地开发或旧建筑改造。

山西平遥锦宅

（6）划出环境协调区

对环境要求特别严格的文物保护单位，可在建设控制地带之外，再划出一定范围，对其内的建筑等进行控制，形成空间和风貌的过渡。

（7）制定保护措施①

各级人民政府制定城乡建设规划，应当根据文物保护的需要，事先由城乡建设规划部门会同文物行政部门商定本行政区域内各级文物保护单位的保护措施，并纳入规划。

①《中华人民共和国文物保护法》第十六至二十条。

保护范围的管理。文物保护单位的保护范围内不得进行其他建设工程或者爆破、钻探、挖掘等作业。但是，因特殊情况需要在文物保护单位的保护范围内进行其他建设工程或者爆破、钻探、挖掘等作业的，必须保证文物保护单位的安全，并经核定公布该文物保护单位的人民政府批准，在批准前应当征得上一级人民政府文物行政部门同意；在全国重点文物保护单位的保护范围内进行其他建设工程或者爆破、钻探、挖掘等作业的，必须经省、自治区、直辖市人民政府批准，在批准前应当征得国务院文物行政部门同意。

建设控制地带的管理。根据文物保护的实际需要，经省、自治区、直辖市人民政府批准，可以在文物保护单位的周围划出一定的建设控制地带，并予以公布。在文物保护单位的建设控制地带内进行工程建设，不得破坏文物保护单位的历史风貌；工程设计方案应当根据文物保护单位的级别，经相应的文物行政部门同意后，报城乡规划建设部门批准。

在文物保护单位的保护范围和建设控制地带内，不得建设污染文物保护单位及其环境的设施，不得进行可能影响文物保护单位安全及其环境的活动。对已有的污染文物保护单位及其环境的设施，应当限期治理。

建设工程选址，应当尽可能避开不可移动文物；因特殊情况不能避开的，对文物保护单位应当尽可能实施原址保护。实施原址保护的，建设单位应当事先确定保护措施，根据文物保护单位的级别报相应的文物行政部门批准，并将保护措施列入可行性研究报告或者设计任务书。无法实施原址保护，必须迁移异地保护或者拆除的，应当报省、自治区、直辖市人民政府批准；迁移或者拆除省级文物保护单位的，批准前须征得国务院文物行政部门同意。全国重点文物保护单位不得拆除；需要迁移的，须由省、自治区、直辖市人民政府报国务院批准。依照前款规定拆除的国有不可移动文物中具有收藏价值的壁画、雕塑、建筑构件等，由文物行政部门指定的文物收藏单位收藏。本条规定的原址保护、迁移、拆除所需费用，由建设单位列入建设工程预算。

4 文物建筑保护工程

（1）相关法规

《中华人民共和国文物保护法》第二十一条：

国有不可移动文物由使用人负责修缮、保养；非国有不可移动文物由所有人负责修缮、保养。非国有不可移动文物有损毁危险，所有人不具备修缮能力的，当地人民政府应当给予帮助；所有人具备修缮能力的而拒不依法履行修缮义务的，县级以上人民政府可以给予抢救修缮，所需费用由所有人负担。对文物保护单位进行修缮，应当根据文物保护单位的级别报相应的文物行政部门批准；对未核定为文物保护单位的不可移动文物进行修缮，应当报等级的县级人民政府文物行政部门批准。文物保护单位的修缮、迁移、重建，由取得文物保护工程资质证书的单位承担。对不可移动文物进行修缮、保养、迁移，必须遵守不改变文物原状的原则。

2003 年国家文物局颁布实施《文物保护工程管理办法》《文物保护工程勘察设计资质管理办法》和《文物保护工程施工资质管理办法》，对各级文物保护单位保护工程的立项审批程序、设计施工单位和个人资质等，都作了严格的规定。所有文物建筑的保护工程，都必须由具有相应资质的勘察设计单位进行设计，由具有相应资质的施工单位进行施工。

（2）保护工程的类型

按照《文物法》及其《实施条例》，以及《文物保护工程勘察设计资质管理办法》，文物建筑维修工程的类型分为以下五种：

①抢险加固工程——文物突发严重危险时，由于时间、技术、经费等条件的限制，不能进行彻底修缮而对文物采取具有可逆性的临时抢险加固措施的工程。

②保养工程——针对文物的轻微损害所作的日常性、季节性的养护工程。

③修缮工程——为保护文物本体所必需的结构加固处理和维修，包括结合结构加固而进行的局部复原工程。

④保护性设施建设工程——为保护文物而附加安全防护设施的工程。

⑤迁移工程——因保护工作特别需要，并无其他更为有效的手段时所采取的将文物整体或局部搬迁、异地保护的工程。

不可移动文物已经全部毁坏的，应当实施遗址保护，不得在原址重建。但是，因特殊情况需要在原址重建的，由省、自治区、直辖市人民政府文物行政部门征得国务院文物行政部门同意后，报省、自治区、直辖市人民政府批准①。重建应在有科学依据和充分历史文献考证的条件下进行。重建的建筑物不属于文物建筑，因此也不属于文物保护工程。

（3）保护工程遵循的原则

①不改变原状的原则（包括保存现状和恢复原状两方面内容）。原状包括四种状态：

一是实施保护工程以前的状态；

二是历史上经过修缮、改建、重建后留存的有价值的状态，以及能够体现重要历史因素的残毁状态；

三是局部坍塌、掩埋、变形、错置、支撑，但仍保留原构件和原有结构形制，经过修整后恢复的状态；

四是文物古迹价值中所包含的原有环境状态。

②真实性和完整性原则。在采取保护措施之前必须有详细全面的调查研究和科学论证，在措施的实施过程中有详尽的记录。应原址保护，只有在发生不可抗拒的自然灾害或因国家重大建设工程的需要，使迁移保护成为唯一有效的手段时，才可以原状迁移，易地保护。

③保护措施的必要性原则。尽可能减少干预。凡是近期没有重大危险的部分，除日常保养以外不应进行更多的干预。必须干预时，附加的手段只用在最必要部分，并减少到最低限度。采用的保护措施，应以延续现状，缓解损伤为主要目标。

④保护措施的可逆性原则。保护措施是可以解除的，以使今后可以采用进一步的措施，或可做进一步的研究。

①《中华人民共和国文物保护法》第二十二条。

乌镇宜园

⑤保护措施的可识别性原则。经维修后，可以识别添加物，不以假乱真或真假难辨。

⑥"四原"原则。在实践中贯彻不改变原状原则的具体措施，包括保存"原有型制"、保存"原有结构"、保存"原用材料"和保存"原有工艺"。

（4）保护工程应注意的问题

欧洲历史上曾经出现的错误倾向之一，是按"理想的样式""恢复"古建筑。这里"理想的样式"往往是经建筑师设计的样式，而"恢复"则往往是一种改造。这种倾向危害很大，从 19 世纪中叶到 20 世纪 40 年代的第二次世界大战前，欧洲的建筑师因此成为破坏欧洲文物建筑的祸首之一。比照中国古建筑的修复，方法与此有类似之处，是用当时流行的"法式"和"样式"去修复同时期建造的建筑。这种"法式"和"样式"较少包含建筑师的设计，而除去此法，当时尚无其他方法可以替代，所以也就有其合理性了。但必须认识到其缺陷，特别是不要在缺乏科学依据的情况下，搞统一的风格。

欧洲历史上曾经出现的错误倾向之二，是将修缮等同于保护。在当代中国中，这种观念也相当普遍。实际上保护决不仅仅包含修缮，保护包括三个层面：

①研究层面（史实和价值研究、保护研究、管理和利用研究）；

②修缮设计与施工层面、管理；

③使用层面。

注意重建的建筑已非文物建筑，除了有特别的要求一定要按原样重建外，也有根据原样及现代的需要重新设计建造的情况。

选择保护方式，首先要查清建筑损坏的原因，如自然灾害、大气污染、人为破坏、使用不当、自然老化、生物侵袭等；还要考虑必要的防震加固、防火、防雷、防盗、通信、照明等设施，并注意隐蔽。

三、历史建筑保护

1 历史建筑的使用功能

维持原有功能是最理想的利用方式，可以减少对建筑的改造和不当使用的损坏。改作文博建筑，例如改作博物馆、展览馆、纪念馆学校、图书馆等公益性或公共建筑，可供公众使用和旅游参观，也可作为文化行政办公、文物保护管理和科研机构使用。对非文物的一般历史建筑，当不能作为上述用途时，可以考虑改变其使用功能，作为旅馆、餐馆、公园、小品等，以提高其使用价值，但必须以不损害其主要价值为前提。还有一些非文物的一般历史建筑，如一般民居和商铺，可以进行内部改造更新，改善使用条件、提高使用价值和使用效率。

2 历史建筑的保护利用①

历史建筑保护责任人可以依法合理利用历史建筑，并要求城乡规划主管部门提供保护、修缮方面的信息和技术指导。

鼓励、支持保护责任人利用历史建筑发展文化创意、旅游产业、地方文化研究，开办展馆、博物馆，开展经营活动，以及以其他形式对历史建筑进行保护和合理利用，但应符合有关消防技术标准和规范，并按照有关规定办理审批手续。

历史建筑所在地的区（县级市）人民政府可以收购历史建筑，并通过公开招标等方式选择符合历史建筑保护利用要求的单位对历史建筑进行保护和合理利用。

历史建筑的利用不得违反保护规划；不得在历史建筑内堆放易燃、易爆和腐蚀性的物品，不得随意增加荷载、从事损坏建筑主体承重结构或者其他危害建筑安全的活动。

历史建筑的现状使用用途违反保护规划的，应当在规定期限内予以调整；历史建筑的现状使用用途违反保护规划但与房屋权属证明文件载明的房屋用途一致的，依法调整后对历史建筑保护责任人造成的直接损失，应当予以补偿。

市人民政府可以根据历史建筑的类型、地段和用途等因素制定补偿的指导性标准，历史建筑所在地的区（县级市）人民政府依据指导性标准或者合理、适当的原则与保护责任人协商确定具体补偿数额。

对历史建筑的合理保护利用需要有四个转变②：

①观念转变。要改变保护就是赔钱的观念，保护历史建筑需要政府投入，但政府不可能包办，发达国家也是如此。利用往往是保护的动力和经济保障，要遵循经济规律，作经济效益核算。西方国家旧城建筑更新常采用的保留外观改造内部的做法，除了为保护历史环境外，往往比拆除重建更经济。

①《广州市历史建筑和历史风貌区保护办法》第二十七条、第二十八条。
② 参见：郑力鹏.对广州近代建筑保护问题的一点思考[M]//中国近代建筑研究与保护(二).北京：清华大学出版社，2001：501-504.

②功能转变。通过调整使用功能，提高建筑的使用价值。应重视发挥一般历史建筑的使用价值，并以其历史、艺术、科学价值，提升使用价值。一般历史建筑的原有功能往往不适应今天的要求，改作文博建筑就是改变功能的做法，还可以考虑由单一功能变为多种功能。

③用地转变。历史建筑所在地段经历了长期的开发建设，土地和房产价格较高甚至很高，原有产业通过迁往新区带来的地价级差，加上政府的政策倾斜，历史建筑的保护可以在经济上得到有力的支持。

④产权转变。政府出资收购少数极为重要的历史建筑，以利于保护和改作文博建筑；同时可以出让部分原属于政府资产的一般历史建筑，获得保护资金，并使一般历史建筑的保护成为业主的事，政府负责公用设施建设维护，以及对历史建筑的日常监督管理。

3 历史建筑的修缮改造[①]

在不改变外观风貌的前提下，根据建筑的价值、特色以及完好程度，历史建筑的保护要求分为以下两类：

①主要立面、主体结构、平面布局和特色装饰、历史环境要素基本不得改变。

②体现历史风貌特色的部位、材料、构造、装饰不得改变。

城乡规划主管部门应当根据历史建筑的不同保护要求制定历史建筑分类保护、修缮技术规范并颁布实施。

对历史建筑进行修缮或者迁移的，保护责任人或者建设单位应当做好测绘、摄影、保存资料等工作，并及时报送城乡规划主管部门。国土房管行政管理部门应当将历史建筑使用现状和权属变化情况等资料及时抄送城乡规划主管部门，并在产权登记簿中附注历史建筑有关信息。

历史建筑原有测绘资料不全或者缺失的，城乡规划主管部门应当委托具有资质的测绘单位对历史建筑进行测绘，测绘资料纳入历史建筑档案统一管理。

①《广州市历史建筑和历史风貌区保护办法》第十八条、第三十一条。

第二章 ○ 核心 ●

认识古民居

一、民居与古民居的定义

《中国大百科全书》对"民居"的定义为:"中国在先秦时代,'帝居'或'民舍'都称为'宫室';从秦汉开始,'宫室'才专指帝王居所,而'弟宅'专指贵族的住宅。近代则将宫殿、宫署以外的居住建筑统称为'民居'。"

"古民居"的"古"字强调了时间的久远性,这说明古民居能够历经时间的洗礼,依旧保持基本原貌。并且,古民居还需在一定程度上反映出当地的历史面貌和社会人文情况。因此,本书中的古民居主要是指至少拥有上百年历史而保存基本完好,有着历史文化价值和可利用改造价值的民居。

二、古民居的价值

1 古民居的建筑价值

古民居得以传承千百年时间之久,其中一部分原因有赖于建造过程中所运用的科学道理,包括选址、布局、用材和营造技法等。古民居的建造处处凝聚了人们长久以来积累的智慧,形成了种种珍贵的建筑价值。

古民居的建筑理念囊括了多个方面,如:

①民居的选址,充分考虑自然环境的有利因素,一般选择背山面水、负阴抱阳的位置,依地形地势修建房屋,注重融于自然。

②布局的关系,讲究严谨合理,主次分明,内外有别,进出有序。典型的古民居布局如四合院,强调中轴对称,主次建筑有序排列。一些注重

防御性的民居布局，像窑洞，将宅院的主窑深藏里层；福建土楼采用封闭的圆形或方形围合，低层不开窗；开平碉楼则是呈现堆砌高层，竖向发展的布局。

③建筑的用材，主要是就地取材，大量使用当地的天然材料，使建筑的色彩、质感跟周围的自然环境保持和谐一致性。

④营造的技法，中国传统古民居中的木构架、梁柱檩椽、封火墙、雀替、美人靠等建筑元素都鲜明地体现了中国建筑的美学特征和高超的营造技法。一些营造技术如榫卯衔接方式，直到现今仍有重要的沿用价值。

2 古民居的文化价值

古民居是一个地区的文明发展见证，反映了当地的人文风俗，记录着当地传统的建筑艺术。作为一个地区的过去象征和记忆符号，古民居是研究地区历史的重要依据，具有不可替代的地位。

传统古民居中常通过建筑装饰来表现特有的文化意象与情趣，门窗、梁柱、脊饰和雀替等构图讲究，雕刻精美，其内容寓意丰富，寄托了人们对生活的美好希冀，例如"福禄寿"字符图案表达了吉祥如意的愿望，"蝙蝠"是代表福气的意象。

古民居还常体现儒家文化中的礼乐仁政、修身养性、伦理关系等内涵，例如在建筑形制上讲究中轴对称，布局上体现长幼有序、尊卑有别，还会通过楹联匾额的内容来进行表达。

3 古民居的经济价值

作为一种具有鲜明区域性、文化性、历史性的有形文化物质遗产，一些古民居转变了以往的居住功能，有了不同的使用价值和经济价值。将古民居作为博物馆、旅馆、餐馆等场所，得到再次利用的古民居承担起了创造经济效益的功能，同时这也为古民居的保护提供了资金保障。

三、古民居的分类

　　古民居在历史实践中反映出本地区最具有本质和代表性的东西，特别是反映出与该地区人民的生活生产方式、习俗、审美观念密切相关的特征。中国各地的古民居特点就是结合民族特征、自然环境、气候条件，因地制宜建造，显现出多样的建筑艺术面貌，表现形式也不尽相同。

　　古民居按地域来划分可包括以下 10 类。

1 北京四合院

　　北京在历史上曾是五朝古都的所在地，在政治、经济、文化上均占有特殊地位。北京四合院的形成，与其特别的历史环境和地理环境紧密相联，其大规模建造的历史可以追溯到中国古代元朝，元朝定都北京（改名为大都）后，对都城进行了统一规划，整齐规则地划分了街区，而后胡同加四合院逐渐成为普遍的居住形态。

　　"四合院"的"四"表示东南西北四个方向，"合"是围在一起的意思，即是"四合院"为四面的房子围在一起，中间形成一个"口"字形庭院的建筑形式。北京四合院的平面布局规规整整，讲究中轴对称，一般以坐北朝南为主，主要由大门、倒座、影壁、垂花门、正房、耳房、厢房、抄手游廊、后罩房等组成，在组合形式上可以分为单进院、二进院、三进院和多进院，以典型的三进院为例，由大门、倒座与垂花门围合的空间是一进院落，较为窄小；由垂花门沿东厢房、正房至西厢房围合成的二进院落，中心庭院一般呈方形；由正房到后罩房形成的是三进院落。

蒋家胡同四合院　　　　　　　　北京三进院四合院平面图

建筑特色

（1）布局理念

①适于自然气候：北京四合院的向内围合院落适应当地的气候特点，在夏天可以遮阴纳凉，在冬天能够抵御风沙。中心的庭院比南方民居的天井要宽敞疏朗，视野开阔，院内各房间相对独立，这样可使房间在寒冷的冬天获得充足的光照，游廊及檐廊将各房间连接起来又可方便雨天和下雪天气时的出入。

②遵循礼法制度：北京四合院的建筑呈现以中轴线为核心，左右两边对称分布的格局，充分体现了长幼有序、尊卑有别的礼制观念和儒家思想，具体表现在对家族内各种不同人员的住房安排有着严格的排列次序。北京四合院中以北屋为尊，具体是指设置在内院中的正房，它坐北朝南，较其他房间要高，是作为家中长辈的居所。分列在正房两侧的东西厢房分别由长子和次子居住，或者是作为妻妾的居室。位于正房后的后罩房主要供未出阁的女子或女佣居住。而位于外院的倒座房则是男仆居住的地方和外来宾客休息之地，若未经主人允许，外人不得随便进入内院。

③配合审美意向：北京四合院虽不像江南民居般曲径通幽，但也很讲究对视线的控制，体现出含蓄性。首先是进出大门正对的是影壁，起到了

对内院的遮挡作用，保护了内院的私密性。内院中常以抄手游廊连接各房间，游廊不仅起到了组织交通流线的作用，还使得室内外空间相互渗透。廊槛曲折，有露有藏，当人走在其中，能得到丰富多变的空间感受。

（2）建筑部件

①大门：大门是整个四合院的主要入口，北京人习惯称为"街门"，一般建于东南位置，从形式上可分为两类，一类是由一间或若干间房屋构成的屋宇式大门，适用于做官人家或富贵人家；另一类是在院墙合陇处建造的墙垣式门，多为普通百姓的住宅。

依照规模等级，屋宇式大门从建筑形制上又可分为王府大门、广亮大门、金柱大门、蛮子门和如意门这几种不同类型。王府大门是北京四合院大门的最高形制，可以做到五开间或三开间，装饰华丽讲究，最具气派。广亮大门一般是贵族官宦的住宅大门，规格仅次于王府大门，它面阔一间，门框槛安装于中柱的位置，前后各有一个空间。金柱大门是在形制上低于广亮大门的一种宅门，其特征是大门安装在金柱之间。蛮子门是由广亮大

王府大门

金柱大门

广亮大门

蛮子门

如意门

门和金柱大门演变而来的又一种形式，它的特征是大门安装在前檐檐柱之间，门扉的外侧不留容身的空间。如意门是北京四合院中应用最广泛的宅门形式，最受富人商贾人家青睐，特征是在前檐柱间砌墙，门洞内安装大门以及抱鼓石等构件，门簪迎面常刻"如意"二字。

②影壁：影壁也称为"照壁"，是北京四合院大门内外的重要装饰壁面，主要作用在于遮挡大门内外杂乱呆板的墙面和景物，美化大门的出入口。

四合院常见的影壁有三种，第一种位于大门内侧，呈"一"字形，叫作一字影壁。大门内的一字影壁有独立于厢房山墙或隔墙之外的，称为独立影壁，如果在厢房的山墙上直接砌出小墙帽并做出影壁形状，使影壁与山墙连为一体，则称为座山影壁。第二种位于大门外面，坐落在胡同对面，正对宅门，一般有两种形状，平面呈"一"字形的，叫一字影壁，而平面成梯形的，称雁翅影壁，主要作用是遮挡对面房屋和不整齐的房角檐头。第三种位于大门的东西两侧，与大门檐口成120˚或135˚夹角，平面呈"八"字形，称为反八字影壁或撇山影壁。

影壁以砖砌筑为多，共分为上、中、下三部分，下部为基座，一般做成须弥座形式；中部是影壁的墙心，雕饰精美；上部则是墙帽部分。

③垂花门：古时人们常说的"大门不出，二门不迈"，其中"二门"指的是垂花门，它设在四合院的中轴线上，是内外院的分界。垂花门外面的檐柱倒悬着不落地，只有一尺多长，柱头雕饰出莲瓣、串珠、花萼云或石榴头等形状，称为"垂莲柱"，这大概与垂花门的得名有关。

垂花门常见两种形式，一种是一殿一卷式垂花门，其屋顶由前部起脊顶与后部卷棚顶组合成"勾连搭"的悬山顶，使得屋顶起伏有致；另一种是

垂花柱

垂花门

单卷棚式垂花门，屋面仅采用一个单一的卷棚形式，活泼不足但仍显高雅。

垂花门一般设门两道，第一道设在中柱位置上，白天开启，夜间关闭；第二道门称为"屏门"，平日关闭，只在婚丧嫁娶等家中有重大仪式的时候才会开启。平日里家中人员从垂花门进入内院是通过屏门两边的侧门，沿着抄手游廊到达各个房间。

④廊：北京四合院的廊道一般围绕内院展开，形成联系各主体建筑的环廊，一般有两种：檐廊和游廊。檐廊是指正房和厢房前面的出廊，属于建筑的一部分；游廊主要是连接各房间之间的抄手游廊。廊道在四合院中是重要的交通空间，是室内外过渡的关键，还能作为观景游憩的场所，同时具有遮阳避雨的作用。

（3）雕刻装饰

①砖雕：北京四合院的砖雕用的是与墙体材料一致的青砖，能使建筑在整体上达到色调统一，其技艺精湛、古朴厚重，透着帝都的风范。砖雕主要应用在大门、影壁、墙面等地方，多以寓意吉祥的图案和动植物纹饰为雕刻内容。

②木雕：北京四合院中的木雕色泽古朴典雅，雕刻精美细腻，手法有平雕、浮雕、透雕等，常见于垂花门、隔扇门、窗、栏杆、挂落、罩、博古架、匾联等位置，题材与内容也十分丰富，具有浓郁的生活趣味。

③石雕：北京四合院中的石雕材质主要有青白石和汉白玉两种，一般应用在抱鼓石、滚墩石、上马石、拴马桩、泰山石等地方，雕刻手法则分为平雕、浮雕、圆雕、透雕四种。

（4）庭院绿化

老北京人注重庭院绿化，善于利用植物的高低营造空间的层次感。庭院内常用的有石榴、海棠、丁香、葡萄等寓意吉祥、高度适中、形态美观的树种。此外，北京四合院内还常种槐树和枣树，不仅因为槐花香、红枣甜，而且还有封侯拜相的美意。而松树、柏树、桑树、梨树这些树种则是北京四合院里忌讳种植的。

2 山西晋商大院

山西，位于黄河以东，太行山以西。春秋时期，这里大部分地区为晋国所有，因此简称"晋"，并沿用至今。明清两代，随着国内资本主义工业的萌芽和发展，山西人以丰富的盐、铁、棉等特产进行商品交易，成为了颇负盛名的晋商群体。晋商赚钱后回乡购地置业，修建了一大批具有鲜明时代特色的商家宅院。

山西晋商大院在选址时基本遵循"负阴抱阳，背山面水"的原则，以四合院为单元进行组合排列，院院相连，形成规模庞大的建筑群，有的还聚集构成某种图形或字形，如乔家大院呈"囍"字形、曹家大院呈"寿"字形、王家大院呈"王"字形。山西四合院的平面布局与北京四合院类似，其形制多为二进、三进院落形式，但与北京四合院整体呈方形不同，山西四合院的平面形式多为长方形，这样的长方形院落给人以紧凑、收缩之感。房屋构架一般为晋中一带的民居模式，即"里五外三"，意思是里院的正房和厢房为 5 间，外院则为 3 间。

建筑特色

（1）中轴对称，讲究礼制

山西晋商大院的院落空间设置呈现明显的中轴对称格局，主体建筑如正房、厅堂、垂花门等位列中轴线上，其他辅助性建筑如东西厢房、倒座等对称分列两旁。正房的屋顶高于两侧的厢房，台阶也要多出一两级，以此突显地位之高，它一般是家中长辈的住房，二层一般用于供奉佛祖和祖先。东西两侧的厢房为晚辈的居所，遵从以东为上的原则，即兄长住东厢房，而弟弟入住西厢房。这样的房间设置安排体现着一种长幼有序、等级分明的礼制理念。

（2）高墙大院，注重防御

清中后期，局势动荡，战争频繁，山西属于边关重镇，晋商又富甲一方，出于保护家族人身财产安全的考虑，晋商建造了结构为堡寨式的砖瓦四合院群落，堡内人们聚族而居，成街成坊，占地规模极大。这种堡寨式

摄影·Zhangzhugang

山西晋商大院

摄影·Zhangzhugang

中轴对称

院落通常三面临街，四周修筑高高的堡墙，形成一种全封闭式结构，堡内常设更楼、塔楼等防御性辅助设施，作为交通要道的堡门亦极注重构造的坚固性，全方位讲究防卫设计。

（3）装饰精细，艺术丰富

山西晋商大院的建筑装饰几乎无处不在，而且制作精良，技术精湛，极富个性，与庄重肃穆的建筑外观形成鲜明对比，也成就了晋商大院"外雄内秀"的大体风格。

①"三雕"艺术：山西晋商大院的"三雕"艺术指的是木雕、砖雕和石雕，雕饰技法相当高超，雕饰的图案十分纤细繁密。

木雕多以桃木和榆木作原料，雕刻手法有浮雕、通雕、圆雕、平面线雕、镂空雕等，主要应用在门楣、柱头、房梁、窗棂等处，多用民俗风情、神话传说、动植物等作为题材内容，呈现的特点是"富华典雅，大气沉雄"。

砖雕以青砖为主要材料，有阴线刻、浅浮雕、高浮雕、圆雕、半圆雕、镂空透雕、减地平雕等雕刻技法，应用的地方多是门楼、屋脊、山墙、影壁等，常见的题材是寓意吉祥和反映民间风俗的图案，有着物象生动和美观庄重的特征。

石雕多为线刻图案，柱础、石栏杆、抱鼓石、门枕石均可见，尤其是以石狮为最常见，其他题材还有人物故事、神话传说等。

②楹联匾额：晋商深受儒家文化的影响，所建的晋商大院内也融合了极浓厚的儒家文化，其中楹联与匾额就是相当不错的表现形式，同时以一种特殊的文字形式担当起了园内建筑装饰的重要角色。晋商大院的楹联匾额内涵丰富，内容上大致以教导后辈要恪守家规，光大家业，讲求仁义礼智信，注重修身养性为主。

木雕

石雕

砖雕

3 窑洞

窑洞民居孕育于黄土高原的天然黄土层，在我国山西、河南、河北、陕西、甘肃、宁夏等省均有分布，这一带地区气候较为干燥，植被相对稀疏，而黄土层深厚致密，生活在这里的人们因地制宜，就地取材，在黄土层里凿穴而居。

窑洞的修建依山形走向，避湿就干，避低就高，避阴就阳，融于自然，适于环境。一般窑洞高约 4m，宽约 3m，进深在 5m 至 9m 之间，平面布局上以单孔窑为主，此外还有两窑并联、三窑并联、套窑、拐窑、母子窑等形式。在单孔窑洞内，一般前部作厅，后部为炕，炕是家庭聚餐和待客的核心位置，也是一种独有的地域文化象征。三窑并联的形式是最为理想合理的布局，这种形式也俗称"一堂两卧"，中间窑洞为主窑，是作起居之用的堂屋，两边侧窑则是卧室。

窑洞民居根据建筑形式可大致分为三种形式：靠崖式窑洞、下沉式窑洞和独立式窑洞。靠崖式窑洞背靠土崖，是在黄土崖壁内横向挖掘形成的窑洞，一般数洞相连，成排成列，常依山势呈现数级台阶式分布，下层

窑洞

窑顶为上层前庭，视野开阔。下沉式窑洞主要分布在没有山坡、沟壁可利用的高原平地，先在平坦的塬面上向下挖一个方形的地坑，深度为 6m 至 7m，然后在地坑的四边挖掘窑洞，形成一个四合院院落。独立式窑洞既不依靠山崖，也不在平地上挖洞，而是类似普通平房一样独立存在，它是地面上的一种掩土拱形房屋，有土坯窑洞、砖拱窑洞和石拱窑洞等多种类型。

建筑特色

（1）拱顶承重

窑洞一般深挖黄土而修建，采取拱顶形式承重符合力学原理，将顶部压力一分为二，分至两侧，比平顶更能保持重心稳定和平衡，加强了窑洞的稳固性。为了更好的安全性，也往往在窑洞里使用木担子撑架窑顶。

（2）封闭内向

下沉式窑洞多是以坡道连接地面与地下，在地面只留下一座门楼作为入口的标志，人们需经由入口坡道才能到达院落，坡道或是直通式，或是弯道式，依地势而造，而院落是内向的四合院形式，窑洞的房门都面朝院落向内而开。有些建有几进院落的窑院，把主窑围在最里层，高墙深院的设置具有很强的封闭性和防卫性。

（3）粗犷自然

窑洞民居多展现黄土地的本真样貌，例如庭院的地面不作过多的处理，展露最自然的一面。院落内的区域按实际需求划分，讲求功能性，绿化则多数是种植低矮灌木作为点缀，有别于北京四合院对庭院绿化的细致追求。

（4）冬暖夏凉

窑洞的墙壁和屋顶厚实，门窗较为狭小，起到了很好的保温隔热作用。夏天时，深厚的黄土层阻挡了外界的热气，使室内气温较室外要低；冬天时，墙壁和屋顶困住了窑洞里的热气，使其不易散失到室外，而且窑洞开高窗可进一步将阳光引入室内，加强了保暖作用。

（5）生态环保

窝洞是一种生土建筑，它构造简单，就地取材，省工省料，多在塬边、沟边及山崖下挖掘而成，不占用农田良地，是一种经济实惠、契合自然、生态环保的建筑形式。

4 徽系民居

徽州，位于新安江上游，古称歙州，该地区群山环抱，形成了比较封闭的空间，但水路畅通，成为该区通往外界的开放渠道。徽州人通过水路走向远方，凭着勤劳与智慧在外经商致富，成为了闻名于世的徽商群体。徽商念乡重情，将大量经商得来的财富输送回徽州，在故乡建屋置业，为徽州古民居群的形成奠定了基础。

堪舆学在徽州地区很盛行，因此徽系民居在选址时格外注重山势水行，或依山傍水，或枕山跨水，讲究"天时、地利、人和"；房屋朝向也很重视，一般坐南朝北，据说是汉代以来流行"商家门不宜南向，征家门不宜北向"的做法。根据五行来说：商属金，南方属火，火克金，因此门朝南向不利；征属火，北方属水，水克火，所以门朝北向为凶。在徽商鼎盛的明清时期，徽州人经商发财后回乡建屋多选择坐南朝北，图个"以水为财"的吉利。

徽系民居大多数是方整的平面布局，一般以三合院或四合院为基本单位，围绕长方形天井而建，中为轴线，两边对称。层高多为两层或以上，四周高墙围起，利于防盗，也反映了徽商在外奔走，但祈求为妻儿营造安全环境的心态。比较大的古民居有两个、三个或更多个庭院，随着子孙的繁衍，房子也就一进一进地套建起来，因此有"三十六天井，七十二槛窗"的说法，颇有"庭院深深深几许"之感。

以天井院落为单位的内向方形布局的徽系古民居，根据天井位置有以下几种基本的平面布局类型：倒"凹"形、"回"形、"H"形和"目"形。

建筑特色

（1）屋套屋

徽系古民居庭院深深，进门为前庭，中设天井，后设厅堂住人，厅堂用中门与后厅堂隔开，后厅堂设一堂两卧室，堂室后是一道封火墙，靠墙设天井，两旁建厢房，这是第一进。第二进的结构仍为一脊分两堂，前后两天井，中有隔扇，有卧室四间，堂室两个。第三进、第四进或者往后的更多进，结构都是如此，一进套一进，形成屋套屋。

（2）天井

天井是徽系民居的一个不可替代的组成，它不仅承担着多种实用功能，还包含着象征意义。

摄影：文人风

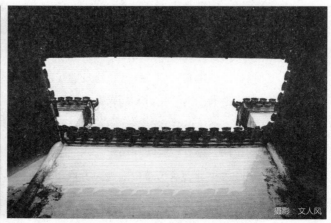

摄影：文人风

天井

摄影：落小洞

徽系民居

　　徽系古民居的天井多呈狭长形，长宽比约 5:1，由四面或左右后三面的楼房围合而成。天井主要用于解决民居内部的采光、通风和排水问题。徽系古民居以高墙筑建，空间较为封闭，天井在此起到了采光通风的重要作用。雨水从屋顶斜斜泻入天井，称之为"四水归堂"。

　　天井的设计遵循"财不外流"的风俗，晴天时阳光通过天井洒进屋内称为"洒金"，下雨时雨水从天井落下叫作"流银"，象征意义不言而喻。

（3）马头墙

　　"青砖小瓦马头墙，回廊挂落花格窗"，这说的是明清时期徽派建筑的风格特征，其中马头墙作为徽系古民居中的重要构件之一，具有极高的美学价值和实用价值。

马头墙

马头墙筑于徽系古民居的高墙之上，随屋面坡度呈阶梯状层层叠落，形成了酷似昂扬的马头形状，故称马头墙。根据斜坡长度，马头墙可筑成多层叠式，以一叠式、两叠式、三叠式、四叠式较为常见，多的可至五叠式，称为"五岳朝天"。

墙顶挑三线排檐砖，上覆以小青瓦，并在每只垛头顶端安装搏风板（金花板）。马头墙上还安上各种趣致的座头（"马头"），有"坐吻式""鹊尾式"和"印斗式"等形式。

马头墙又被称为"封火墙"，顾名思义，它具有防火的实用性。徽州地区山多平地少，古民居用地资源匮乏，因此居所密集排布，一旦发生火灾即有连串烧毁的危险性，而马头墙高高筑起，逐层垒高，能起到隔断火源的作用。

（4）粉墙黛瓦

因受到"士农工商"的社会等级制度限制，徽商群体虽然拥有雄厚的资金实力，但是却没有优越的政治地位，回乡建造的豪宅深院也只能将奢华部分隐藏在院内，外立面则以清淡朴素的黑白两色为主调。粉墙黛瓦，似是水墨熏染的田园诗意画卷，配合着"小桥流水人家"的生活情调，恰好体现着一种返璞归真的美学观念。

（5）雕刻装饰

与朴实自然的外部不同，徽系古民居的内部装饰富丽雅致，尤以徽州三雕闻名，即木雕、砖雕和石雕。明清时期，三者的工艺水平发展迅猛，装饰效果精妙绝伦，逐渐成为徽州古民居不可或缺的元素。

摄影：lienyuan lee　　摄影：lienyuan lee　　摄影：猫猫的日记本

木雕

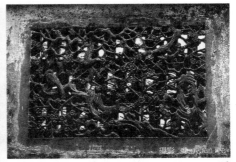

石雕

砖雕

　　①木雕：主要应用于屏风、窗扇、栏板和桩柱等，内容题材涉及广泛，有人物、山水、飞禽、走兽、八宝博古等，表现民间故事、神话传说、日常生活等内容。工艺手法多样，有浅浮雕、深浮雕、圆雕、透雕、凹雕和镂空雕等，在窗下、栏板、檐条等位置多采用浮雕的形式，而月梁、雀替等位置则使用圆雕的手法为多。

　　②砖雕：大多充当门楼、门罩的装饰，内容多是雕刻生动逼真的人物、花鸟虫鱼、八宝博古等，雕刻手法有平雕、浮雕、立体雕刻、透雕、半圆雕等。

　　③石雕：较常出现在祠堂、寺庙、牌坊等地方，也会应用在古民居中，位置通常是庭院、门额、栏杆、照壁等，雕刻内容因受到材料的限制性，不如木雕和砖雕复杂，常是以动植物形象展现，例如象征吉祥的龙凤、雄狮、麒麟，雕刻手法有圆雕、浮雕、透雕等。

5 江南水乡民居

　　江南，这里的江指的是长江，也就是说，江南指的是长江以南的地区。如今普遍认为，江南地区主要是指钱塘江以北，长江以南的江浙沪地区。

　　传统江南水乡民居多选址于临水的地方，依水而建的民宅融合于烟雨江南之中，构成的就是"小桥流水人家"的诗意。

　　江南水乡民居的平面布局和北方的四合院大致相同，只是一般来说，江南水乡民居的布局更为紧凑，划分的院落面积较小。整个建筑空间基本沿南北轴线呈纵向排列，每一单元是"一正两厢"的形制，围合而成的中

江南水乡民居

间室外空间被称为天井，从而形成一进，小民居只有一进或两进，而规模大的民宅可达七八进。

建筑特色

（1）亲水性

江南水乡民居与水有着千丝万缕的联系，依水而居，枕水而筑，临水开门开窗，几乎每家每户门外都设有水埠，洗衣、淘米等日常活动均可在埠头进行。

（2）木结构

江南水乡民居的结构多为穿斗式木结构，不用梁，而以柱直接承檩，外围砌较薄的空斗墙或编竹抹灰墙，墙面多粉刷白色。

摄影：江上清风 1961

近水而居

（3）天井

与徽系民居类似，江南水乡民居也多数带有天井。在江南水乡民居中，正房与东西厢房相互连通，形成一个四面封闭而顶部开敞的内向型庭院空间，这就是"天井"。

天井主要发挥采光与通风的作用，而除却实用性，天井也营造出江南水乡民居独特的空间美学。它与四周的厅堂厢房和檐廊走道形成了延续贯通的平面体系，在垂直方向上进行了尺度延伸，打造幽深封闭的空间意境，加上各种构件的装饰，一同形成了互相渗透和搭配得宜的空间体系。

（4）封火墙

江南水乡民居的墙具有重要的防火功能。山墙做成阶梯式或平头高墙，称为"封火墙"或"女儿墙"。厅堂等重要建筑的山墙用出屋顶的屏风墙，随着房屋进深的大小，有一山、三山和五山屏风墙的不同。

江南水乡民居的封火墙起伏有致，很是清新雅致。而徽派民居的封火墙即"马头墙"，因其高大且有一定的规律性，加之深宅老屋，往往会给人以肃穆宁静之感。

封火墙

（5）雕刻装饰

①木雕：江南水乡民居多运用木材构造，因此木雕也就成了每家每户必不可少的装饰构件，小户人家会有少量雕刻，大户人家则多请技师细雕屋宅，装饰丰富，技法精湛，可融浮雕、单面雕、透雕及镂雕等技法于一体。一般来说，大部分人家的木雕不饰油彩，暴露自然木质纹理，尽显清新素雅。

②苏派砖雕：与徽派砖雕相比，苏派砖雕更显清雅娟秀，以明代较为典型，风格简约朴素，在清代得到很大的发展和提高，从而形成了属于自己精细雅致的装饰风格。

木雕

苏派砖雕

（6）窗格装饰

江南水乡民居对窗格极其钟爱，形态各异的漏窗很是常见。明清时期，江南民居对窗格的装饰符号的处理，往往以中国传统绘画的散点透视或鸟瞰式透视来处理画面。主要是追求自由变化，主体的形象大多采用变异的手法使它们比原形更为生动，在多种主体的组合上不受定制而更为灵活，完全突破了官式那种固定僵死的方法，利用各式各样的图形符号来组织，达到装饰的效果。在构图上讲究章法，宾主有序，疏密有致，散而不乱，层次分明，富有节奏，主体突出，具有东方艺术的独特风格。

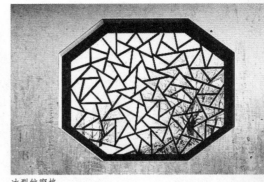

冰裂纹窗格

窗格

冰裂纹，是我国江南民居中窗格常见的装饰符号形式之一，它是依照自然界中冰块炸裂所产生的纹样演变而来的。使用冰裂纹作为装饰纹样，不但美丽，还能向人们传达出一种"自然"的讯息，使人产生如身在大自然中的愉悦感受[①]。

（7）整体的装饰色彩

粉墙黛瓦是江南水乡民居的主要外立面装饰颜色。房屋外部的木构部分使用褐、黑、墨绿等颜色，与白墙灰瓦搭配在一起，色调素雅明净，很好地与自然融于一体；房屋内部的柱梁栏杆基本上保持原木的颜色，但也有些大户人家将其漆上楠木色、棕色或绛红色，与室内华贵的家具互相映衬。

---

① 过珣华.明清时期江南民居的窗格装饰符号研究[J].东南大学学报（哲学社会科学版），2010, 12(1)：133-135.

6 川渝民居

　　"川"是四川省的简称，"渝"是重庆市的简称，由于两地相邻，而且两地曾同属一省（四川省），加上文化风俗和生活习惯也都颇为相近，因此常用"川渝"合称两者。

　　川渝民居的选址注重与自然环境的融合，大多依山临水。由于川渝地区山地较多，该区的民居建筑因地制宜，就势而筑，巧妙利用自然地形，并不十分注重房屋朝向。

　　川渝民居的平面布局自由灵活，空间转换有序变化。因地形曲折多变，川渝民居一般不受中轴线的严格控制，而是随势而行，开合有致，不拘一格，形成了层次丰富而趣味盎然的空间。吊脚楼是川渝民居中的一种特色民居，是一种干阑式建筑，它随坡就坎，随弯就曲，一般分为两层，上层采光良好可住人，下层架空可防潮防虫兽侵袭，上层的前部有宽廊及晒台，

重庆中山古镇

后面是堂屋与卧室，堂屋内设火笼或祭神台。由于功能上要满足生活的要求，所以房屋布置自由，内部关系紧凑，利用率很高。

总的来说，川渝民居特征是：青瓦出檐长，穿斗白粉墙。悬崖伸吊脚，外挑跑马廊。

建筑特色

（1）屋架

川渝民居多为穿斗式木屋架，它的特点是沿房屋的进深方向按檩数立一排柱，每柱上架一檩，檩上布椽，屋面荷载直接由檩传至柱，不用梁。每排柱子靠穿透柱身的穿枋横向贯穿起来，成一榀构架。每两榀构架之间使用斗枋和纤子连接起来，形成一间房间的空间构架。

（2）屋檐

川渝地区气候湿热，雨水较多，因此民居建筑一般屋檐出挑大，为底下行走的人们提供避雨的空间，也可以遮挡阳光辐射，同时还能防止雨水冲刷墙面或渗入屋内。

（3）屋顶

川渝民居的屋顶很有特色，不论是干阑式房屋或四合院房屋，屋顶均为两面坡式，贫穷人家屋顶覆以厚厚的茅草，富裕人家则盖小青瓦。茅草屋顶和小青瓦屋顶这两种屋顶都可称为"冷摊瓦"屋顶，特点是透气性好，空气从许多细密的缝隙中进入室内却又感觉不到风，而是徐徐地、不断地循环着室内的空气，这在冬季门窗紧闭时效果尤为显著。在夏季，气候潮湿闷热，"冷摊瓦"屋顶又可以不断地将室内的湿气排出，较好地解决了室内的潮湿问题。

（4）雕刻装饰

川渝民居多用木雕和石雕来装饰房屋，比较少用砖雕。木雕比较常见于门窗格扇、挂落、雀替等部位，手法有浮雕、镂空雕、立体圆雕和浅雕

"冷摊瓦"屋顶

四种。石雕也多见，各种石材构件雕刻精美。砖雕又称"花砖"，虽然少见，但也能见到一些，主要运用锯、钻、刻、凿、磨等手法，把青砖加工成各种形状，作为建筑上一部分的装饰。各类雕刻的内容题材广泛，常有的是福禄寿字样、代表吉利的图案符号、历史故事、戏曲人物形象、花草虫鱼鸟兽等。

7 福建土楼

　　福建位于东南沿海，山地丘陵较多，历史上是盗匪、倭寇常出没的地带，生活在福建的客家人和闽南人为了躲避祸乱，保护族人和财产的安全，因地制宜修建了防卫合一、适合群居、规模宏大的土楼建筑。

　　福建土楼主要分布于闽西和闽南的山区地带，选址讲究，主要以背山面水为宜，后部山岭可阻隔寒风，也能保持水土，前有流水利于排水处理，也便于取水防火。

福建土楼

福建土楼是一种采用夯土墙承重的巨型土木结构多层居住建筑，通常环环相套，每环的层数也有所不同，有外高内低、内高外低等形式。内环是土楼最中心的位置，通常设置祖堂，强调了宗法制度的中心地位和表达了土楼人家对祖宗的敬畏情感。中环设于内外环之间，常见于大型土楼里，布置在中环的建筑常用于客房和书房等。外环是一般土楼人家的居住场所，它作为土楼最外围的一层，具有较强的防御功能，墙体厚而稳固，可抗外敌侵扰。

建筑特色

（1）造型分类

福建土楼最常见的造型是圆楼、方楼和五凤楼，除这三者之外，还有其他很多特殊的形式，例如五角形土楼、椭圆形土楼和半圆形土楼等。

①五凤楼：五凤楼屋顶一层比一层高，呈现五个层次，很像半空中展翅欲飞的五只凤凰，因而得名。五凤楼有不同的式样：三厅式、两厅加一

五凤楼

个边房式、三厅两边房式、三厅两边房加上后面围龙、九厅两穿堂等。式样虽多，但它们有一共同特点，就是所有的房子都为中轴对称。

②方楼：方楼是在五凤楼的基础上发展过来的，形状分正方形和长方形两种，一般体量较大，长宽在 20m 至 50m 之间，层数 3 层至 4 层。最

摄影：Zhangzhugang

方楼

简单的方楼是单幢建筑，瓦屋顶等高，取四坡顶形式；而复杂的方楼则是组合型建筑，屋顶高低错落，外观变化丰富。方楼常见在大门入口处用矮墙或夯土房围成前院，称之为"厝包楼"；还会在方楼内建围院，叫作"楼包厝"。

③圆楼：圆楼由方楼演变而成，但比方楼更节省空间和材料。圆楼是土楼中最具有特色的建筑，它如同从地上冒出来的"蘑菇"，又像是自天而降的"飞碟"。大型圆楼为三环式或四环式结构，通常层数达到4层至6层；中型圆楼为双环式结构，层数是3层或4层；小型圆楼只有一环结构，一般建有3层。

（2）布局特性

①防卫性：强大的防卫性是福建土楼的一个鲜明特点。外围的夯土墙高大厚实，底层墙体厚近2m，从下往上缩小，顶层墙厚也不小于0.4m，而且围合成封闭形状，防御性能好。外环一、二层一般不住人，也不开窗，分别多用作厨房和粮仓，通常到第三层才开始住人和开小窗洞。

圆楼

土楼的向心性

　　②向心性：位居中心的祖堂是土楼内的视觉焦点，尤其是位于圆楼的圆心处，向心性更为强烈。祖堂居中，它是家族内部祭祀祖先和冠婚丧祭的场所，而其他居住建筑环绕它而布局，强调了宗法礼制的至尊地位。

　　③内向性：土楼对外极其封闭，对内却完全开敞。天井和厅堂属于土楼中的公共部分，两者之间通敞没有阻隔，也对居民完全开放。土楼中的房间基本都朝向楼内，从楼内庭院或天井采光，构成内向的建筑空间。生活在楼内的居民基本可以自给自足，设有水井保证用水，储存粮食于粮仓，形成了不受外部环境影响的独立小天地，就算是被外敌围攻也能进行持久对抗。

　　④规整性：福建土楼讲究规整的对称布局，尤其是公共空间，集中沿中轴线布局，严格遵循中国古代礼仪制度，表达出中国传统的伦理秩序。

　　⑤均匀性：土楼的均匀性主要表现在圆楼中，楼内卧室一律大小均等，即楼中除了祖堂和其他公共空间有主次外，家族内部都是平等的，这与中国其他严格体现尊卑关系的传统民居建筑完全不同。

（3）建筑部件

①墙体：土楼的墙身高大厚实，以夯土墙作为承重墙；墙脚由河卵石干砌而成，内外两面用泥灰勾缝；墙基用大块卵石垒砌，卵石大面朝下，缝隙间使用小卵石填充。土墙在夯筑时，还会在墙体里填入竹墙筋，在地基的转角处放置大型石块，在上层的土墙内加入杉木墙骨等，进一步对土墙进行加固。

②门：土楼一般只开一个大门，门框多用青砖或者花岗石砌成拱形，门扇使用 15cm 至 20cm 厚的实心木板制成，外包铁皮加固，门后加有粗大的门闩，可有效抵挡门外的撞击进攻。而且，门顶过梁上设有水槽，从二楼灌水经由引流正好从门上方落下，形成水幕，可抵御火攻。

③窗户：土楼的二层以下基本不开窗，在三层以上才会开小窗洞。窗洞往往是房间使用时开凿的，所以有先有后、有大有小、有高有低。

④走马廊：走马廊是内通廊式土楼中朝内院一侧环周将各间卧室联系起来的回廊。较宽的回廊底层加木柱，多数土楼的走马廊完全悬空，只在二层以上挑廊的廊檐立有木柱支撑。有的内通廊式土楼在每层走马廊的栏杆外会设有腰檐，可用来为走马廊遮风挡雨。

（4）建筑装饰

土楼的装饰以古朴、细腻为主，一般主要集中在楼中的公共部分。祖堂作为土楼的核心区域，装饰尤其精致，有时甚至极为豪华。

土楼的窗户

摄影：rheins

走马廊

①石雕：土楼中的石雕雕工精致，种类众多，多存在于大门、楼内的石柱上，多采用浮雕的形式，并且赋予内容深刻的寓意，是一种独特的装饰。

②木雕：土楼的装饰中有大量木雕，雕刻手法多样，刀工精湛细腻；雕刻内容丰富多彩，有花鸟虫鱼、山水风景、人物活动等。木雕多雕刻于门窗、隔扇、屏风、厅堂的梁柱间等，有些地方的雕饰还特别讲究，例如主厅堂屏门上方的木雕就会使用漆金来凸显。

8 岭南民居——广州西关大屋

所谓西关，是老广州人对位于荔湾区，北接西村，南濒珠江，东至人民路，西至小北江，明清时地处广州城西门一带地方的统称。

清朝时期清政府实行闭关政策，只允许广州一口通商，这让广州的商业蓬勃发展起来，由于内城区多用于商业发展，因此城中富商豪门转而选择在广州西关一带大量购置建造住宅的土地，在这一带兴建的富有岭南特色的传统民居，称为"西关大屋"。

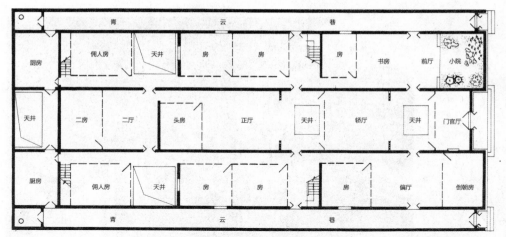

西关大屋的典型平面图

　　广州西关大屋的平面典型布局为"三边过"，又叫"三开间"。正间以厅堂为主，从凹入门廊——门官厅（门厅）——轿厅——正厅（又称大厅或神厅）——头房（长辈房）——二厅（饭厅）——二房（尾房），形成了一条纵深很长的中轴线。每厅为一进，一般大屋为二到三进，厅与厅之间用小天井隔开。正间两侧的开间称为"书偏"（取书房和偏厅之意），主要有偏厅、倒朝房（客房）、书房、楼梯间等。偏厅、客房后部为卧房、厨房等。客房顶为平天台，供乘凉、赏月和西关小姐们七夕拜月（拜七姐）之用。而在大屋外的两侧，各有一条青云巷与邻居相隔。

建筑特色

（1）天井

　　天井用以厅与厅之间的隔开，多为方形，特别是门官厅、轿厅和正厅之间的天井更强调要方正。天井上加小屋盖，靠高侧窗（水窗）或天窗采光通风。天井的地面常用花岗岩铺设，去水孔常雕成金钱的形状，这与过去相信"水为财"的说法有关。

（2）青云巷

　　大屋外各有一条青云巷，宽约1.4m至2.1m，取"平步青云"之意，又称"水巷""火巷"和"冷巷"等，具有排水、防火、通风、采光、晾晒、交通、栽种花木等功能。青云巷的入口处常做成小门楼，当青云巷较长时，则在中段处加设门洞分隔，同时也增加了层次感。

（3）三重门扇

①矮脚吊扇门：临街的第一扇门是矮脚吊扇门，主要是对外街起到屏障的作用。它高约1.7m，是左右对开各两扇的小折门，其上端是各种木雕镂空图案，雕刻精致灵巧，每户各不相同。

②趟栊：矮脚吊扇门之后就是独具岭南特色的趟栊，开为趟，合为栊，这是一道横向开合的活动栅门，由13条或15条坚硬的圆木条等距排列构成，材料常用红木或硬木。趟栊门的圆木条一般采用单数，其中最上一根固定在木门框上，作为上部轨道之用；下部装有滑轮，同时一般会有一条高出地面约15cm铺有铜片的木轨道。

③大门：趟栊之后是西关大屋真正的大门，多用红木或樟木等高级木材制造，厚约8cm，左右对开各一扇，其门钮是铜环，门脚旋转在石臼中，门后用横闩扣门。大门厚实牢固，具有重要的保安防盗功能。

（4）窗户

①满洲窗：满洲窗虽然不是根生岭南，却在岭南地区大行其道，成为了西关大屋的一种特色窗户样式。满洲窗是由传统的木框架镶嵌套色玻璃

西关大屋的三重门扇

满洲窗

蝴蝶窗

蚀刻画组成的窗子。套色玻璃蚀刻画是中西文化结合的实用工艺品，采用进口玻璃材料进行蚀刻、磨刻或喷沙脱色的技术处理，有红、黄、蓝、绿、紫、金等颜色，图案丰富多彩，艺术风格独特。在构造上，满洲窗是一种垂直推拉窗，在木竖框内每隔一定距离安置一对装有软钢片弹簧的小五金零件，用以承托窗扇，使之可以上下提动，并停留在任一位置上，利于夏季通风，适合岭南地区的气候。

②槛窗：槛窗是西关大屋内窗户的主要形式之一，多用于两侧靠楼梯间、天井或采光井的楼梯处。在槛窗的下部是一整块固定的木墙裙板，木墙裙板外侧常刻有精美的图案花纹。其窗扇呈狭长方形，采用木棂镶嵌彩色玻璃的形式，极其具有艺术特色。

③蝴蝶窗：蝴蝶窗通常出现在西关的横门上，是一种做成半圆形带蝴蝶图案的彩色玻璃窗，其窗顶有圆弧形的灰批模线，参照了西洋建筑的风格。

④天窗：天窗是设在坡屋顶上较为特别的窗子，靠垂下来的绳子拉动启闭。该窗采用杉木直窗棂，嵌上半透明的云母片做明瓦，再配以木滑轮和木轨道而成，兼有采光、通风双重作用。

（5）青砖石脚

以石脚水磨青砖砌墙是西关大屋正立面的重要标志，俗称"青砖石脚"，具有防潮和保护临街立面美观的作用。西关大屋的青砖墙使用的不是水泥砌筑，而是以糯米饭拌灰浆，因此砌出来的墙几乎没有缝隙。砖墙砌好之后还会在外面再贴一层人工打磨光滑的水磨青砖，所以西关大屋的青砖墙很是平滑。西关大屋的外墙以两堵青砖墙中间隔开而形成，即是外墙中间是空心的，这能使外墙在冬天起到防寒保温的作用，在夏天则具有防晒隔热的功能。

（6）室内装饰

西关大屋集木石砖雕、陶塑灰塑、壁画石景、玻璃通花、铁漏花、蚀刻彩色玻璃等民间传统装饰工艺之大成，产生极富岭南韵味与风采的艺术效果。

9 岭南民居——骑楼

骑楼分布极广，在广东全省均可见踪影，尤以广州和五邑地区为中心。

骑楼具有中国传统中干栏式建筑的一些特点，即上层住人，下层架空的建筑形式。近代以来随着西式建筑的渗透影响，人们把西方古典建筑中的券廊式和岭南传统建筑特色有机结合起来，演变成了具有明显地域风格的广府骑楼建筑。

骑楼这个名字描述的是它沿街部分的建筑形态。它的沿街部分二层以上出挑至街道红线处，底下用立柱支撑，使一层的临街空间形成人行走廊，这从立面形态上看，犹如二层以上的建筑骑跨在一层之上。

广府骑楼的平面布局形式由传统的竹筒屋形式演变而来，有单开间、双开间和多开间的形式。单开间是最简单和应用最多的形式，将厅堂、天井、房间、厨房等有序排列，布局形似长条状的竹筒。这样的排列布局形

骑楼

成的开间面宽较窄，一般为 3m 至 4m；进深较大，一般为 10m 至 20m，有的甚至可达 30m 以上。

建筑特色

广府骑楼从立面上一般可分为楼底、楼身和楼顶三个部分，即底层的柱廊空间、中段的楼层、顶端的山花和女儿墙。

（1）楼底

骑楼的底层前部作架空处理，以支柱撑起一个公共的柱廊空间；后部为商铺，对着走廊开门营业，这是骑楼作为商住建筑的最大特征。柱廊空间通常面宽约 4m，进深约 3m，净高 4m 至 5m，可防雨防晒，便于人们沿街选购商品和进行其他活动。

（2）楼身

骑楼一般建有 2 层至 4 层，个别有 5 层至 6 层，一层以上为住人空间，因此楼身部分主要是住宅楼层。楼身的外墙色调一般以白、黄、灰色调为主，也有其他颜色。外墙面装饰丰富，采用了浮雕、灰塑、彩画等形式，融合了巴洛克和洛可可风格的西式建筑风格，也保留岭南特色佳果图案和中国传统吉祥纹饰，中西合璧，不拘一格。

在广府骑楼中，楼身中常可见凹阳台，它由栏杆或其他胸墙围起来，栏杆呈直条状或方块状，也常用铸铁栏杆，体现着一种西式装饰风格。

（3）楼顶

骑楼的楼顶造型多样，有的楼顶是尖顶塔形，有的是在正面墙挑出拱形雨篷。楼顶的山花是重点装饰部分，它是在立面上一种缓坡三角形山墙的花饰，大多设计成曲线形和半圆形，采用简化的巴洛克和洛可可的图案进行造型。山花两边的矮墙，便是女儿墙，又称"压檐墙"，设置在天台边缘以及檐口以上的位置。相比之下，女儿墙的图案较为简单，强调实用性。

楼顶

楼底

楼身

10 岭南民居——开平碉楼

　　开平位于东南沿海的江门五邑地区，地势较为低洼，经常受到台风的肆虐，洪涝灾害频繁。清朝末年，社会动荡，治安恶化，很多人远渡重洋谋生。积攒了财富的侨眷回乡建屋，但囿于匪盗猖獗，归侨尽量建造坚固结实的建筑以求自保。能够防涝防匪的碉楼建筑迎来了发展兴盛期，这种集防卫、居住和中西建筑艺术于一体的多层塔楼式建筑在开平遍地开花。

　　碉楼在选址时大都选择在村后或村两侧，遵循原有村落的规划布局。其平面形状与村落规划的巷道相呼应，大部分为方形或长方形，也有少数为多边形。碉楼的平面尺度比当地传统民居稍小，面宽一般为 6m 至 9m，进深多是 5m 至 7m，但层数较多，常有 3 层至 5 层，增加了可利用的空间。

　　按功能来分，开平碉楼主要分为闸楼、更楼、众人楼和居楼。闸楼和更楼均作村落的放哨以及相邻村庄安全联防之用，平面布局简单。众人楼是村落中的集体防御工事，用于集体临时躲避来犯的贼匪，在防御的基础上纳入了部分居住功能。居楼是集防御功能和舒适居住功能于一体的居住型碉楼，大多数以三开间的布局形式为主。普通的三开间平面一般是一厅

开平碉楼

两房的布局形式，中间是厅堂，主卧室在左右，后部为小卧室、厨房和厕所，层层平面基本相同。

建筑特色

（1）墙体

碉楼的外墙体具有强大的防御性，一般厚约 30cm 至 50cm，稳实厚重的结构可抵挡当时一些轻型火器的进攻。墙面上多开设"丁""⊥""｜"和"〇"形的射击孔，射击孔的断面尺寸是外小里大的倒梯形，方便楼内的人瞭望和射击，而在楼外的人却不能窥视到室内的动静。

（2）门扇

大门是整座碉楼面积最大的开口部分，也几乎是进入碉楼的唯一通道，大多位于首层正面的中间位置。门扇主要有木门外包铁板和铁门两种。前者厚度达 4cm 至 8cm，用 4mm 至 8mm 的铁板做面板，用铁钉把它固定在用角钢做成的框架上。而后者的厚度一般在 5cm 左右，与前者一样保持着相当的厚度。大门的背后通常有五道以上的门闩，横竖交错地设置。为了增强防护作用，很多碉楼还会在大门后面安装竖向或横向的栅栏，同时具有通风透气的功能。

（3）窗户

碉楼全方位的防御性设计，同样体现在窗户上。碉楼的窗户一般洞口很小，宽度一般 50cm 左右，高度不超过 90cm。窗户多是内外两层，外开的一层是用 4mm 至 6mm 厚的铁板制成的平推式窗扇，内层是推拉式的木窗扇，窗户背后通常设锁，窗洞口还安装了铁栅栏防盗。为了安全起见，首层的窗台高度较高，常在 2.2m 至 2.5m 之间。

（4）屋顶

碉楼的屋顶大致有三种形式：中式屋顶形式、平屋顶形式和穹顶形式。

中式屋顶包括悬山顶、硬山顶、攒尖顶等形式。早期的开平碉楼屋顶多采用这类传统的屋顶形式，清末、民国时期碉楼的建造将中西式建筑进

中式屋顶

平屋顶

穹顶

行了融合，通常会在西式平台上建造各类中式的四角攒尖、六角攒尖和圆攒尖形式的凉亭，屋面采用的是中式形式，而屋面下部则可能使用西方古典柱式或拱券形式的围廊支撑。

平屋顶形体简单、经济实用。简单的平屋顶楼身或挑台上部即为平屋面，复杂的碉楼则可以做几层错层式平台，在平台中央还可能建有一些平顶式亭阁，可为楼内居民提供室外生活的休息平台。

穹顶根据承托形式的不同可分为实体穹顶和亭阁式穹顶。实体穹顶指的是穹顶直接落在平屋面上的形式，以半圆形穹顶居多，也有少数矩形拱顶的形式。亭阁式穹顶是穹顶形式中最为常见的，穹顶下部有些完全由重墙承托做成封闭的灯亭或塔楼形式；有些则采用古典的列柱围廊的形式；有些也会使用柱子和拱券结合的券柱式。

（5）防卫台

碉楼的四角一般都会建有悬挑的防卫台，也称"燕子窝"，挑出的部分在 0.8m 至 1.1m 之间，提高了瞭望和射击高度，扩大了防御的空间。每个"燕子窝"下部都设有射击孔，便于人在其中可以向下、向前、向左、向右四个方向对外射击，对碉楼进行全方位掌控。

（6）装饰

中西合璧的装饰是开平碉楼的重要装饰特征，一方面保留地方传统的装饰材料和工艺，另一方面融合了西方的建筑造型和构图形式，反映了侨乡建筑对乡土地缘性的继承和对西方审美观的崇尚。

传统装饰有彩画和灰塑等，常用于门楣、窗楣、山花、女儿墙等地方，题材有代表吉祥的中式图案，也有西式图案。

碉楼的上部通常具有丰富的西式装饰，汇集了国外不同时期和不同地域的建筑艺术，有古希腊和古罗马的各种柱式、巴洛克和洛可可风格的图案、哥特式尖拱和伊斯兰式穹顶等等，犹如大杂烩，形式多种多样。

防卫台

四、古民居的保护与开发

1 古民居保护与开发遇到的主要问题

古民居保护问题虽然逐渐得到重视，但是目前在我国，很多地方的古民居仍得不到很好的保护与利用，主要存在以下问题：

①资金不足。产权属于国家所有的古民居有政府资金支撑，由文物保护单位进行修葺保护。但中国的古民居数量较多，产权又多数属于公民个人所有，而修葺保护古民居的费用高昂，远超过新建的房屋，公民个人难以有足够的资金对古民居进行修葺保护。

②建筑修复对古民居造成二次破坏。在古民居的修复过程中，存在着很多因素会对建筑物造成二次破坏，比如说修复者缺乏专业知识，罔顾建筑结构的特性而进行操作；或者是技术工艺处理不当，一些传统技术的流失影响了古民居的保护质量。

③旅游过度开发造成了对古民居的损伤。旅游开发过度，对古民居改建不当，会对古民居造成不可逆转的伤害；旅客人流量过大也不利于古民居的保护。

2 古民居的开发模式

目前，古民居的主要开发模式是发展旅游业以及发展相关的文化产业。古民居属于一种人文历史景观资源，而目前文化旅游正是趋势所向，利用古民居发展旅游产业符合如今的发展，而且会比新建的人文资源效果更好，投资效益更乐观。

对古民居进行旅游开发可带来一些正面影响：

①对古民居进行了保护和宣传。过度的旅游开发会对古民居造成破坏，但适度的旅游开发能够发挥资源优势，对古民居起到宣传作用，同时促使当地政府对古民居采取有效的保护措施，加大保护方面的资金投入，使古民居在物质形态上保存得更持久。

②对传统文化进行了挖掘和传承。由古民居旅游开发可延伸出一条旅游产业链，周边的文化产品是其中一个环节，这使得一些濒临失传的手作工艺和传统文化艺术得到重新焕发生机的机会。

③促进当地的经济发展。发挥古民居的人文资源优势，能够为当地带来一定的收入，促进当地的经济发展。

④增强人们的保护意识。当地人能从古民居的旅游开发中得到经济利益，如要使其成为一项长期收益，那么人们对古民居的保护意识要更加强，而且古民居作为祖辈相传的珍贵文化产物，的确需要人们的珍惜与保护。

3 古民居保护与开发的经验教训

①完善法律法规，将古民居的保护和开发上升到法律的高度。法律法规促使古民居的保护与开发做到有法可依，执法可循，保障性强而有力。

②鼓励公众参与，培养公众的保护意识。古民居的保护与开发不能单靠个人之力，也不只靠政府部门的努力，而是需要公众都积极参与进来，加强公众与古民居之间的交流互动，才能使古民居的文化底蕴在众人之力下得以长久的延续和传承。

③遵循"修旧如旧"的原则，保存古民居最纯粹的一面。古民居本身积淀的历史文化是其价值所在，这主要从古民居的建筑结构以及构件工艺等传达出来，对古民居进行"修旧如旧"，能使古民居在焕发活力的同时保持住原貌。

④注重古民居环境的整体保护，协调周边的人文生态环境。古民居的独特性与当地的地理环境及人文环境的特性分不开，重视对古民居周边整体环境的保护有利于古民居自身的保存，同时还能促进周边人文资源的传承。

改造案例解析

北京钱粮胡同四合院改造工程

属于钱粮胡同的掌故传说，关于四合院的前世今生

设计公司
安东红坊建筑设计咨询有限公司
设计师
Antonio Ochoa Piccardo
项目地址
中国北京市东城区钱粮胡同 62 号

北京的大小胡同星罗棋布，数目达到 7000 余条，每条都有一段掌故传说。胡同的命名也是有历史的，有以形状命名的，例如宽街、夹道等；有以吉祥话语命名的，如吉祥胡同；还有以功能命名的，例如取灯胡同、钱粮胡同。

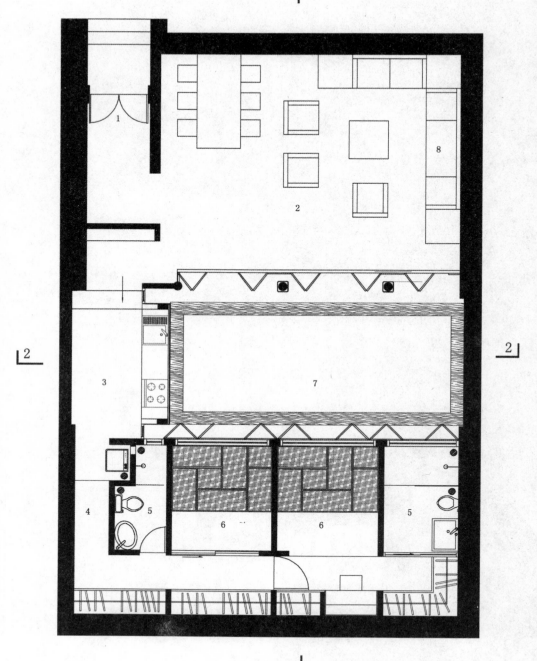

1 入口　2 客厅　3 厨房　4 走廊　5 浴室　6 卧室　7 庭院　8 壁炉

平面图

〔钱粮胡同的简述〕

钱粮胡同的命名历史要追溯到明代。明朝时钱粮胡同属于仁寿坊，是当时的造币之所，因明朝时钱局设此而得名，称钱堂胡同。清朝管理财政的机关叫户部，下属的宝泉局专门管理铸钱。宝泉局有四个厂，东厂在东四四条，西厂在北锣鼓巷千佛寺街，北厂在北新桥三条，南厂就在钱粮胡同，因此地铸钱以用于发放薪饷为主，清代管薪饷又叫钱粮，所以就把南厂所在地称钱粮胡同。

民国时，钱粮胡同曾作过内城官医院。此地建有帛公府，帛公为怡贤亲王次子宁良郡王之后。近代民主革命家章太炎曾住该胡同的 19 号，25 号和 27 号原为艺术界名人金北楼的住宅。

现在的钱粮胡同包括钱粮西巷、钱粮北巷和钱粮南巷，以居民住宅为主。钱粮胡同位于隆福大厦北侧，呈东西走向。东起东四北大街，西至大佛寺东街，南与轿子胡同、人民市场西巷、钱粮南巷、钱粮西巷相通，北与钱粮北巷相通。全长 536m，宽 7m。

钱粮北巷、钱粮西巷、钱粮南巷于 1947 年分别被称为北花园、西花园、南花园，1949 年后沿称。1965 年整顿地名时，因其地处钱粮胡同北侧、西侧、南侧而改称钱粮北巷、钱粮西巷、钱粮南巷。其中，钱粮南巷内的 19 号院原为明朝崔氏太监府组成部分，院内建有花园、假山、亭阁、月牙河等。

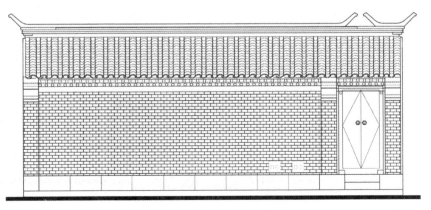

立面图

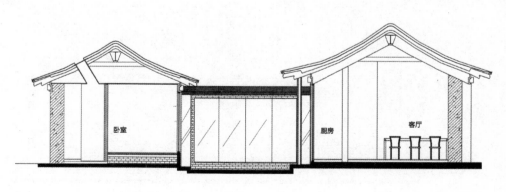

卧室　　厨房　客厅

剖面图 1-1

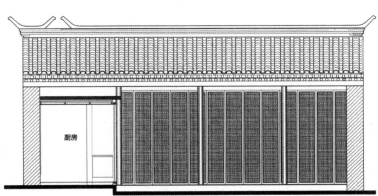

厨房

剖面图 2-2

〔四合院的改造方案〕

　　项目属北京钱粮胡同内一个狭小破败的四合院，设计师将其翻修成了精致典雅的居所。结构材料采用木材，墙壁采用旧墙砖，屋面采用屋瓦。所使用的木材、墙砖和屋瓦均来自另一所被拆除的旧建筑。四合院内原有两个空间，之间设一个院落，改造后，两个空间采用新建透明玻璃房相连接，该玻璃房作为厨房和过道，把公共空间和居住空间联系起来。

山西平遥锦宅特色酒店改造工程

记录古城的一抹岁月印记，诉说锦宅的一段古老历史

设计公司
安东红坊建筑设计咨询有限公司
设计师
Antonio Ochoa Piccardo
项目地址
中国山西平遥

平遥古城，位于山西中部平遥县内，是一座具有 2700 多年历史的文化名城，与同为第二批国家历史文化名城的四川阆中、云南丽江、安徽歙县并称为"保存最为完好的四大古城"，也是中国以整座古城申报世界文化遗产获得成功的两座古县城之一。

〔平遥古城的简述〕

　　平遥旧称"古陶"，明朝初年，为防御外族南扰，始建城墙，明洪武三年（1370年）在旧墙垣基础上重筑扩修，并全面包砖。以后景泰、正德、嘉靖、隆庆和万历各代进行过十次的补修和修葺，更新城楼，增设敌台。清康熙四十三年（1703年）因皇帝西巡路经平遥，而筑了四面大城楼，使城池更加壮观。平遥城墙总周长6163m，墙高约12m，把面积约2.25km²的平遥县城一隔为两个风格迥异的世界。城墙以内街道、铺面、市楼保留明清形制，城墙以外则称为新城。2009年，平遥古城荣膺世界纪录协会中国现存最完整的古代县城，再获殊荣。

1 前厅   2 餐厅
3 VIP室   4 厨房

一层平面图

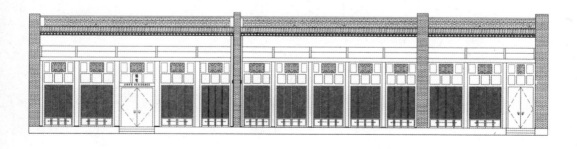

临街立面图

〔锦宅的改造方案〕

　　锦宅特色酒店位于中国历史悠久的平遥古城，那里至今仍维系着古香古色的建筑群落。锦宅特色酒店主要由两个老院落组成，两个院子在建筑外观上都延续了传统特色，而在室内设计中融入了新的设计元素，将中国传统文化与现代生活进行了巧妙的诠释。

　　经过精心的修复装潢后，锦宅成为平遥城内的一家豪华精品酒店。锦宅原是清朝一位富庶丝绸商人的宅邸，属四合院结构。锦，意为丝绸，"锦宅"一名由此而来。这座老房子位于古城的东大街，城中心的位置，与"华北第一镖局"遗址相邻。锦宅上下两层，体现出中国北方古民居的精美特色。庭院中淡雅如画的绿竹、流水、汉白玉的台阶，辅之以传统青砖铺就的过道，将不同的院落巧妙地连接起来。

设计思想:

锦宅旧建筑的室内外设计是在展现历史风貌的同时体现现代的生活方式，在古今结合中寻求出了设计的契机。设计师用极少的设计手法，以突出古建筑的原有美感。建筑伴随着时间的流逝而愈有质感，安静祥和；院中的竹子却是新生命的开始，跃跃欲试蓬勃不息。

客栈的卧房和豪华套间设计尽显独特风格，将锦宅的美演绎到极致。尊重古建筑的原有结构，保持古院落的传统精神，同时在设施方面融入新世纪的国际标准，体现现代生活风尚。客栈大堂中设有壁炉，与大堂相邻的是优雅舒适的餐厅，楼上设有一个温馨小酒吧和一间图书室。壁炉中火红的炉火，室内温馨惬意的气氛，使这里成为理想的会客、工作之处，亦是客人在观光游览古城之后休闲放松的好地方。

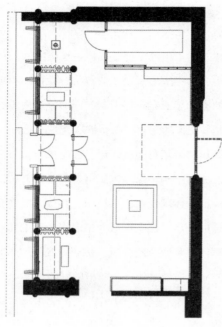

前厅平面图

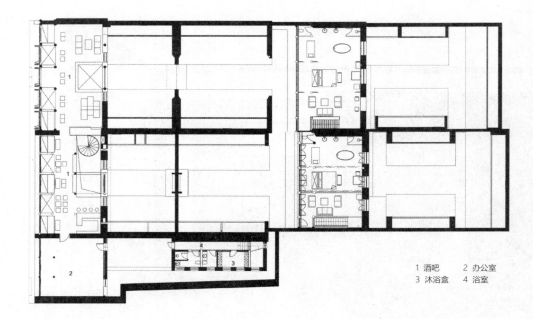

1 酒吧　　2 办公室
3 沐浴盒　4 浴室

二层平面图

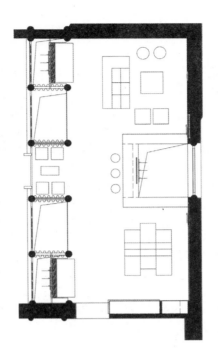

酒吧平面图

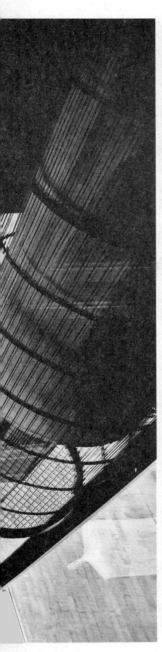

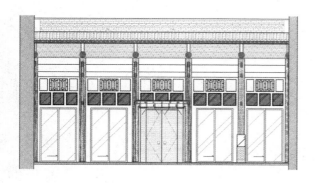

前厅与酒吧立面图 1

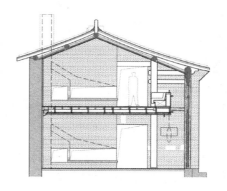

前厅与酒吧立面图 2

前厅与酒吧立面图 3

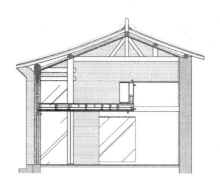

前厅与酒吧立面图 4

周庄
花间堂改造工程

穿入花间堂的流转四季，
唤起古民居的悠长记忆

设计公司
Dariel Studio
设计师
Thomas Darie
项目地址
江苏省苏州市昆山市周庄镇

由法国设计师 Thomas Darie 设计的花间堂
季香院酒店位于江南水乡——周庄。粉墙
黛瓦、厅堂陪弄、临河的蠡窗、入水的台阶，
在这里，千年的历史也隐在江南迷迷茫茫
的烟雨中，其温婉绰约的神韵随着碧波在
不经意间一波一波地荡漾开来。

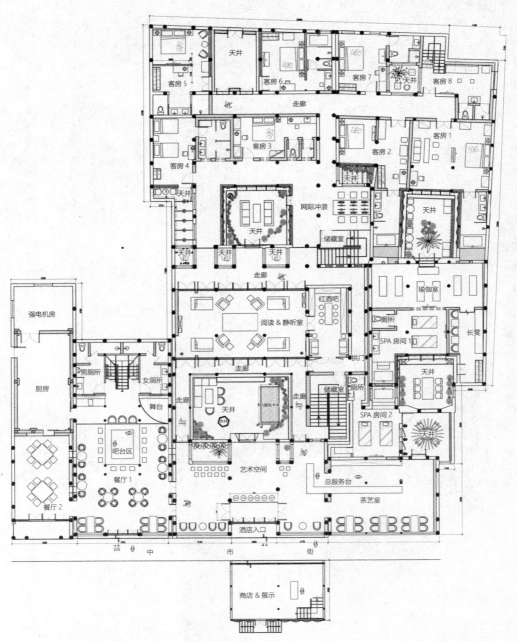

客房 5　　天井　　客房 6　　客房 7　　天井　　客房 8

客房 4　　客房 3　　客房 2　　天井　　客房 1

走廊

天井　　网际冲浪　　天井

天井　　天井　　天井　　储藏室　　瑜伽室

走廊

强电机房　　男厕所　　女厕所　　阅读 & 静听室　　红酒吧　　厕所　　SPA 房间 1　　长凳

厨房　　舞台　　走廊　　走廊　　拱门　　天井

吧台区　　天井　　储藏室　　厕所　　SPA 房间 2

餐厅 1　　防腐原板木系　　走廊　　天井

餐厅 2　　艺术空间　　总服务台

酒店入口　　茶艺室

120　中　市　街

商店 & 展示

一层平面图

〔周庄的简述〕

　　周庄位于苏州昆山市，是江南六大古镇之一，于 2003 年被评为中国历史文化名镇。周庄历史悠久，是典型的江南水乡风貌，有独特的人文景观，是东方文化和吴地文化的瑰宝。周庄镇 60% 以上的民居仍为明清建筑，仅 0.47km² 的古镇有近百座古典宅院和 60 多个砖雕门楼，周庄民居古风犹存，还保存了 14 座各具特色的古桥。景点有：沈万三故居、富安桥、双桥、沈厅、怪楼、周庄八景等。

　　周庄镇旧名贞丰里，周庄地域春秋时期至汉代有"摇城"之说，相传吴王少子摇和汉越播君封于此。西晋文学家张翰，唐代诗人刘禹锡、陆龟蒙等曾寓居周庄。

据史书记载，北宋元祐年间（1086年），周迪功郎信奉佛教，将庄田200亩捐赠给全福寺作为庙产，百姓感其恩德，将这片田地命名为"周庄"。1127年，金二十相公跟随宋高宗南渡迁居于此，人烟逐渐稠密。

元代时，周庄属苏州府长洲县。元朝中叶，颇有传奇色彩的江南富豪沈万三之父沈佑，由湖州南浔迁徙至周庄东面的东宅村（元末又迁至银子浜附近），因经商而逐步发迹，使贞丰里出现了繁荣景象，形成了南北市河两岸以富安桥为中心的旧集镇。到了明代，镇廓扩大，向西发展至后港街福洪桥和中市街普庆桥一带，并迁肆于后港街。明代中期这一带属松江府华亭县。清初复归长洲县，居民更加稠密，西栅一带渐成列肆，商业中心又从后港街迁至中市街。这时已衍为江南大镇，但仍叫贞丰里。直到康熙初年才正式更名为周庄镇。

〔花间堂的改造方案〕

花间堂季香院这个精品酒店项目是由三幢明清风格的老建筑改造而成，共有20套客房。"季香"取四季飘香之意，季香院的前身是周庄当地有名的大宅院——戴宅。这座历史建筑分为东、中、西三进，其中第二进砖雕门楼上还刻着当年一位秀才题的"花萼联辉"四字。季香院的设计主题定为"穿越季节的感官之旅"，灵感来自中国传统的二十四节气。房间的布局是对四季轮回的演绎，从浅浅的大地色过渡到跳跃的橘色和深沉的紫色，而客房名称则用秋棠、墨兰、丹桂等花卉来命名。

流转四季包裹上沁心花香，让人觉得恍若堕入隐世的桃花源。独特的二十四节气感官体验细致到不同的公共区域，比如在中西美食文化碰撞的餐厅，"夏至"和"冬至"是最佳代言人；聆听自己内心的阅览室，思维犹如"惊蛰"；"芒种"是麦子丰收的季节，红酒吧里的珍稀佳酿正合此意……

客房里的设计将古老的中国特色与现代摩登家具交织在了一起：竹枝形状的中式大床、卫浴间门上的雕花铜片、各式瓷器摆设和当地特色的手工艺品，与窗外的古镇风景相得益彰。如果有幸住到了二楼挑高最高的一间"秋棠"，你一定会被屋顶所震慑到，这间房间里的每一根檩条及砖块都修旧如旧，透过它仿佛能看到老宅子的前世今生。庄重的中式加入了色彩的调戏，使原本成熟凝重的空间多了几分俏皮，也让人有更想接近的感觉。

　　Dariel Studio 在改造的时候细心地将那些民国时期的木床、雕花木梁及砖瓦小心拆下，编号保存，原样修复后得以重现当年大户人家的气魄。睡在这雕梁画栋之下，听着评弹小曲在耳边袅袅，那感官岂止是穿越四季。

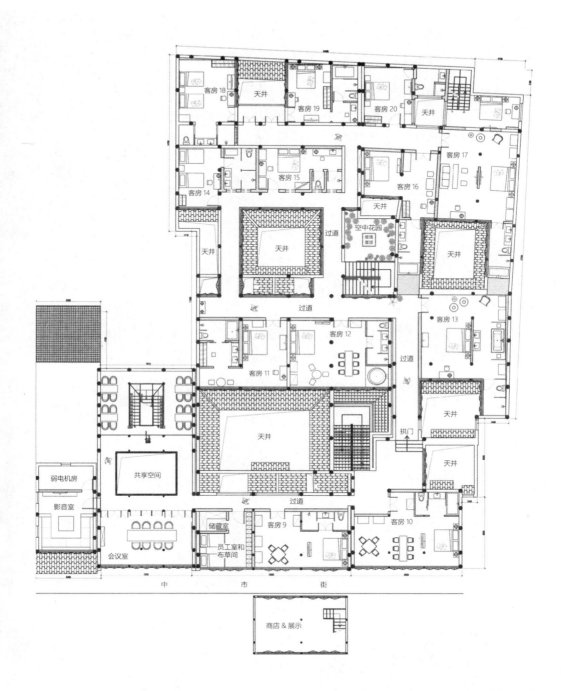

客房 18　天井　客房 19　客房 20　天井

客房 14　客房 15　客房 16　客房 17

天井　过道　空中花园　玻璃屋顶　天井

天井

过道

客房 11　客房 12　客房 13

天井　过道

弱电机房　共享空间　天井　拱门　天井

影音室

会议室　储藏室　员工室和布草间　客房 9　客房 10

过道

中　市　街

商店 & 展示

二层平面图

江阴刘家大院会所改造工程

将新旧建筑的形式糅合演绎，把刘家大院的故事娓娓道来

设计公司
苏州美瑞德装饰有限公司
设计师
金范九
项目地址
江苏省无锡市江阴市

明清时代江南文人墨客的宅院，为私家园林之代表。历经时光荏苒，岁月沉淀，在快捷喧嚣的现代都市中仍带来一分并未远去的亲切感，潜移默化间令人身心愉悦，为之舒畅。江南古宅以其亲近自然、悠闲舒适、阳光充沛的个性，成为长江流域传统建筑形态布局的高尚典范。宅院的布局与形式各具特色，传承古典居住文化与礼仪文化。

〔刘家大院的简述〕

　　清乾隆年间大学士刘墉（"刘罗锅"）曾两次担任江苏学政，驻节江阴。刘家大院即刘墉在江阴任职期间的官邸。

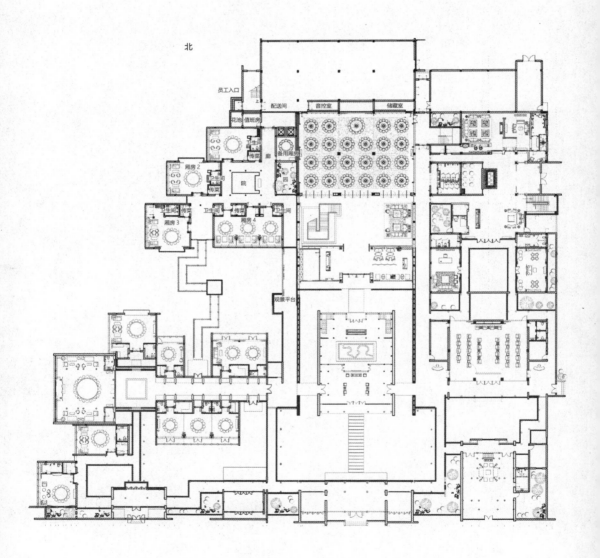

总平面图

〔刘家大院的改造方案〕

刘家大院借助刘墉故居的地域文化，还原其古宅建筑，利用建筑及环境的先天优势，打造具有现代功能的人文餐饮会所。

传承故居文化，传承名人文化，传承江阴文化。原生态与时尚的现代设计风格相结合，创造了一个城市、建筑、自然与人之间和谐共处的中间地带，为众多的江南古宅院保护工作以及开发利用带来了新思路。

刘家大院是新旧建筑搭配，通过建筑、园林的糅合和设计师的设定，把新旧的建筑形式向各个使用功能递进推动。新旧材质的搭配，使得内装风格在矛盾中得到统一，在传统中萌生新意，达到和谐共生的境界。

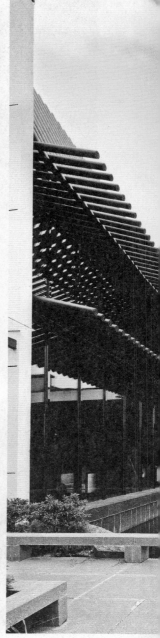

　　"拥有场景化的视角,移步换景,故事的推进,恍若宏村。描述给业主听:进入会所,一桥平卧,浮光倒影,水天一色;远峰近宅,跌落湖中……"这是主创设计师项天斌天马行空般的空间构想。通过这些踏入会所后节奏的设定,足以达到感动客人的目的。

　　中央"石庵讲堂"的做法，首先是一比一的木结构修复，原来的徽州古民居，就是用原班老木制作。设计师在异地移建的过程中，丢弃了非工艺砖的使用，原建筑的山墙，用钢结构幕墙玻璃、瓦楞玻璃重新演绎。入晚时分，华灯初上，内投的灯光相互掩映，倒映在水面，辉煌却内敛。

乌镇西栅三大会所改造工程

在一处千年古镇品读江南，于三大百年老宅对话时光

图片提供
乌镇旅游股份有限公司
项目地址
浙江省嘉兴市桐乡市乌镇

西栅老街上一字排开的锦堂、盛庭及恒益堂三家高端会所均由古镇百年老宅改造而成，风格迥异，但都具备"小而精"的特点，并因独特的古典园林式建筑群落及奢华的住宿品质而入选世界小型豪华酒店组织。坐着景区的公交船在会所的码头上岸，推开会所的木门，你便从原生态的水乡风貌进入到一片奢华的私人领地。

〔锦堂·雅集之地〕

锦堂会所是乌镇会所中最欧式风格的一间，尽管门面不显眼，入内却天宽地广，透露着"大隐隐于市"的气息。中西合璧的设计风格，私人码头的豪华尊享，让你体会这分独有的古镇奢华感。而会所中的院子是客人接触地气的私密胜地。天清气朗时，端一壶茶，往院子中央一坐，在马头墙、竹篱笆和苍天古树的伴随下，思考些人生决策，甚是惬意。

坐着景区的公交船，在锦堂码头下船，登上河埠就到了锦堂会所的大门口。乌镇目前有三家商务会所，锦堂是规模最大、装修最豪华的一家，硬件配套设施按超五星级标准配置。临街一扇扇古朴的蠡壳窗显示着这幢建筑的悠久历史。锦堂会所门面毫不显眼，穿园入堂却重重叠叠，古木参天，园景精巧。

这个会所拥有三十多个豪华单间及三个 30m² 到 120m² 规格不等的会议室，在这里召开高级别的商务会议真是再适合不过。而让游客最为惊叹的是这里的中央套房居然还拥有一个私人码头！入住的客人进出景区，有专门的游船接送，无人相扰。尤其让人喜欢的是这里幽静的茶座，位于会所的一隅，大片落地窗外就是临河景观。住在套房里可隔河眺望大块的天然湿地，晚上听蛙声一片。另外，这里还有莲·足道会馆等配套设施。

〔盛庭·适情雅趣〕

中西兼容的建筑本身就是一件很耐人寻味的艺术品。若要寻找一个雅致的落脚点，盛庭会所便是不错的选择。蜿蜒的长廊，精巧的园景，明清式红木家具，处处流露出浓郁的江南大宅庭院风韵。而会所大堂的建筑更为奇特：混凝土的中央大柱，井字格的钢梁，呈现歇山式屋顶的风格。因客房而配备的厨房及餐厅，可让一时兴起想亲手烹饪的你多得一分适情雅趣。

如果说锦堂以豪华著称，那么盛庭会所则以雅致取胜，蜿蜒的长廊，精巧的园景，处处流露出浓郁的江南大宅庭院风韵。它拥有各种不同规格的别墅套房 24 个，双客房的结构非常适合一家人居住。精致的装修和华美的古典家具，绝对让你体会到优雅的尊贵。

　　盛庭会所原址名为巴家厅，以江南水乡文化为元素，用现代设计观念呈现古建艺术的精美风格。会所的回廊由大幅落地玻璃封闭，窗外是老墙，其本身就是一道风景。各厅堂装修皆为可拆卸的落地长窗，平时可长开不闭，厅井相通；遇有节庆之日，卸掉长窗，厅井连为一片，室内外交融。

〔恒益堂·雅兴养生〕

继锦堂、盛庭之后的又一处以大户商家改造而成的会所——恒益堂养生会所，原来是一个华美的老厅，近十进的规格在乌镇历史上堪称罕有。而现在我们看到的只剩下五进的老厅，虽然气派依旧，却失去了往日的恢宏——烧焦的大门，空旷的青砖地板，还有临墙上斑驳的火痕，依稀可见大火的痕迹。这段残留在历史中的记忆虽不被很多人所知，遗址附近新近矗立起的一座 2m 多高的四方形木质"火训碑"上，却清楚地告诉人们，这里不仅是一个值得纪念的老厅，更有一段值得谨记的历史。

"火训碑"上记录着两部分内容，左侧碑面诉说着遗址的经历，右侧则是古镇防火公约。2000 年 2 月 5 日上午，正值农历大年初一，乌镇西栅一吴姓人家因家中厨房用火不慎引起火灾，虽经消防部队奋力扑救，仍然烧毁历史建筑七间，过火面积超过 400m²。经过修复保护，这里多了几分沧桑。无论是石板还是石狮，甚至砖头，都留下了岁月的刻痕。会所内的墙体上依稀还能看到烟火烧灼的痕迹，而如今爬山虎爬满墙头，又焕发着另一番生机。

无锡 伴山惠馆改造工程

渗透中式元素的隽永特质，探寻伴山惠馆的古典足迹

设计公司
无锡上瑞元筑设计有限公司
设计师
冯嘉云
项目地址
江苏省无锡市北塘区惠山直街
186 号惠山古镇内

本项目位于无锡重点保护性开发建设的惠山古镇，就建筑而言，在祠堂林立、古建森立的中式古典背景中并不突出，所以整个项目的个性气质和差异化的确立与形成必须通过室内空间的营造才能得以体现。

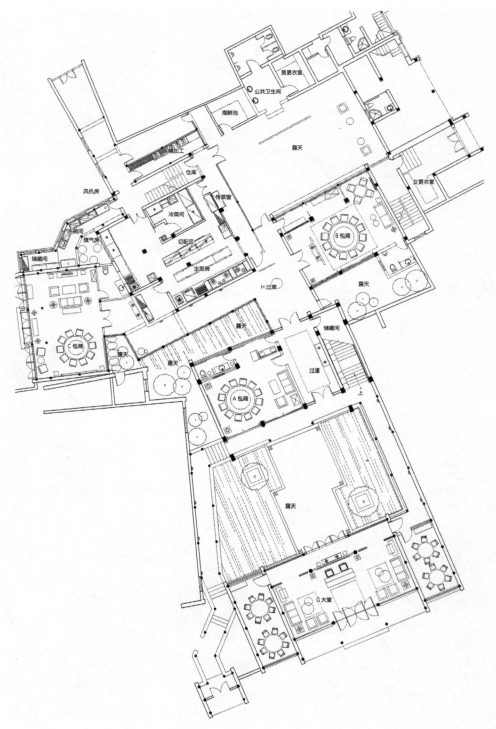

男更衣室

公共卫生间

海鲜池

露天

女更衣室

精加工

仓库

风机房

传菜窗

洗碗间

冷菜间

煤气房

切配区

储藏间

主厨房

H 过廊

露天

B 包厢

C 包厢

露天

露天

露天

储藏间

过道

A 包厢

上

露天

G 大堂

一层总平面图

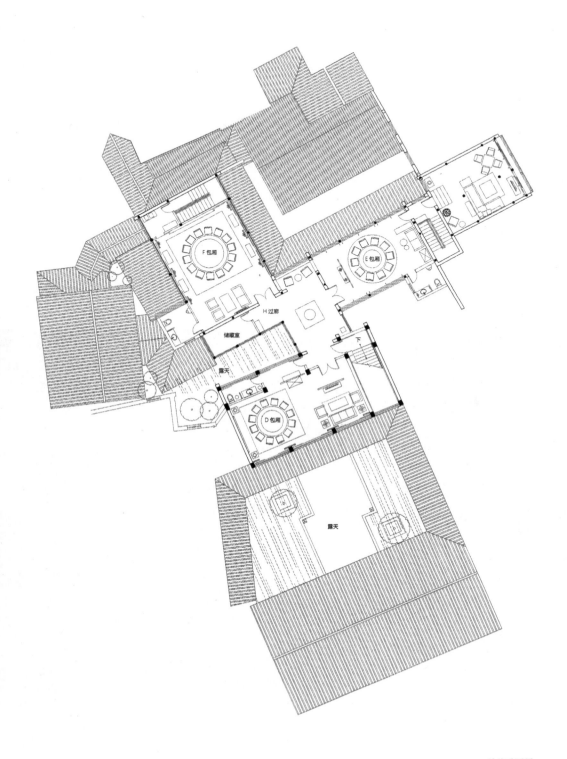

F 包厢

E 包厢

H 过廊

储藏室

露天

下

D 包厢

露天

二层总平面图

〔伴山惠馆的改造方案〕

  设计过程通过空间形象定位展开。首先是在门头、店招等外部元素上渲染古典氛围，取得与周边环境的和谐呼应，建立"景观饭店"的概念。

  其次是通过典型中式元素与国际化主流色的混搭塑造属于高端人群的品位感。最后通过深色纹实木、浅釉陶瓷、吉祥纹饰画雕等细节表达出隽永的意味，加强营造饮食、交流的氛围，适合偏重私密性的家庭聚会与商务宴请。

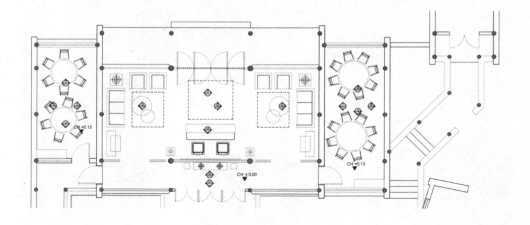

大堂平面图

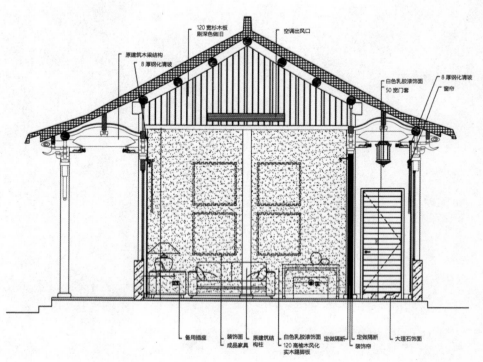

120 宽杉木板
刷深色做旧　　空调出风口

原建筑木梁结构
8 厚钢化清玻

白色乳胶漆饰面
50 宽门套

8 厚钢化清玻
窗帘

备用插座　装饰面　原建筑结　白色乳胶漆饰面　定做隔断　定做隔断　大理石饰面
　　　　　成品家具　构柱　　120 高榆木风化　　　　装饰帘
　　　　　　　　　　　　　　实木踢脚板

大堂立面图 1

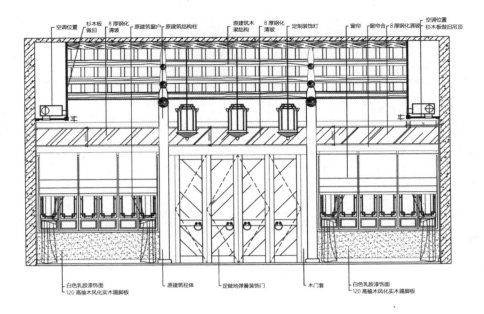

空调位置 杉木板 8厚钢化 原建筑窗户 原建筑结构柱   原建筑木 8厚钢化 定制装饰灯   窗帘 窗帘合 8厚钢化清玻 空调位置
        做旧 清玻   梁结构 清玻   杉木板做旧吊顶

白色乳胶漆饰面   原建筑柱体   定做地弹簧装饰门   木门套   白色乳胶漆饰面
120高榆木风化实木踢脚板   120高榆木风化实木踢脚板

大堂立面图 2

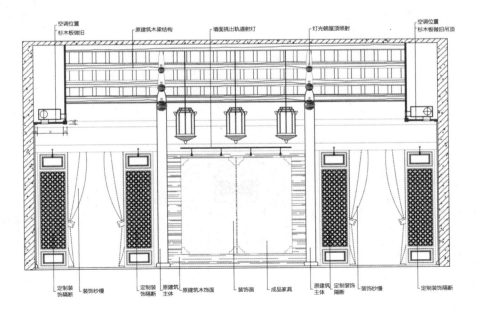

空调位置   原建筑木梁结构   墙面挑出轨道射灯   灯光朝屋顶照射   空调位置
杉木板做旧   杉木板做旧吊顶

定制装   装饰纱幔   定制装 原建筑 原建筑木饰面   装饰画   成品家具   原建筑   定制装饰   装饰纱幔   定制装饰隔断
饰隔断   饰隔断 主体   主体   隔断

大堂立面图 3

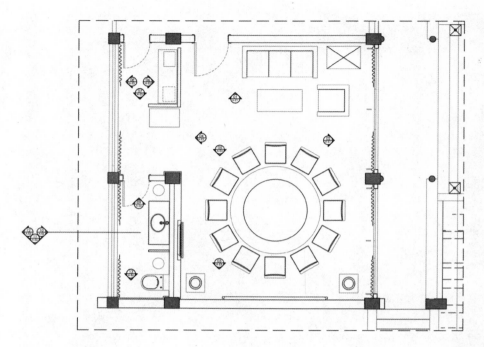

A 包厢平面图

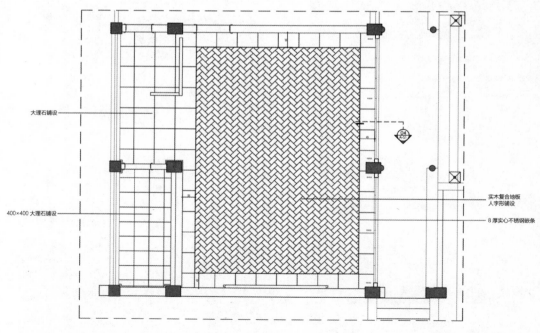

大理石铺设

400×400 大理石铺设

实木复合地板
人字形铺设

8 厚实心不锈钢嵌条

A 包厢地面拼花图

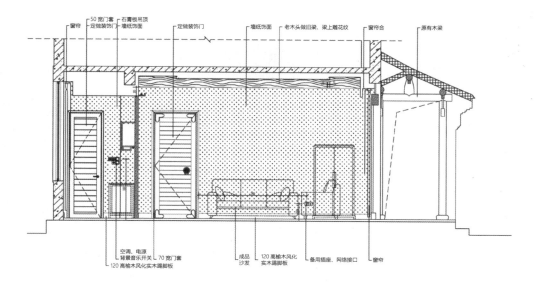

窗帘　50宽门套　石膏板吊顶　　定做装饰门　　墙纸饰面　　老木头做旧梁、梁上雕花纹　　窗帘合　　原有木梁
　　定做装饰门　墙纸饰面

空调、电源　　70宽门套　　　　成品　　　120高榆木风化　　备用插座、网络接口　　窗帘
背景音乐开关　　　　　　　　　沙发　　　实木踢脚板
120高榆木风化实木踢脚板

A包厢立面图

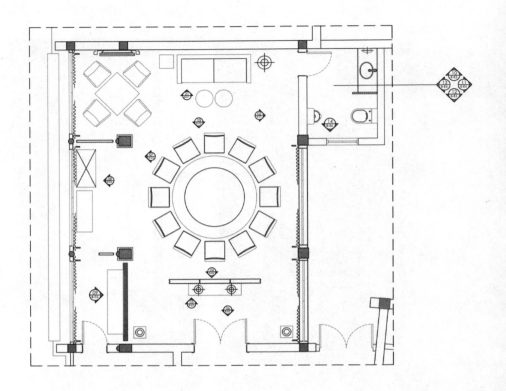

B 包厢平面图

苏州 葑湄草堂改造工程

存着葑湄草堂的历史气息，留下如旧古宅的岁月痕迹

设计公司
苏州美瑞德装饰有限公司
设计师
金范九
项目地址
江苏省苏州市

葑湄草堂毗邻繁华的十全街，占地 $1874m^2$，为苏州控制保护建筑。棕红的木色和重重的雕花散发着厚重的历史气息，长长的备弄和高窄的天井又显出几分深宅的幽寂与静谧。整体结构与传统苏州大型民宅一样，为"五进三路"（由于年久失修，左路厢房不复存在，现存的是中路和右路）。

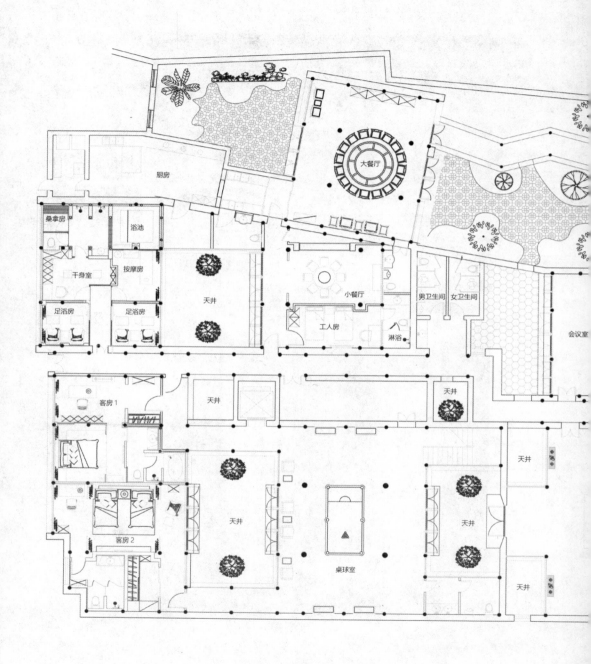

厨房

桑拿房
浴池
干身室
按摩房
足浴房
足浴房

天井

小餐厅

工人房

淋浴

男卫生间
女卫生间

会议室

客房1

天井

天井

天井

客房2

天井

桌球室

天井

天井

大餐厅

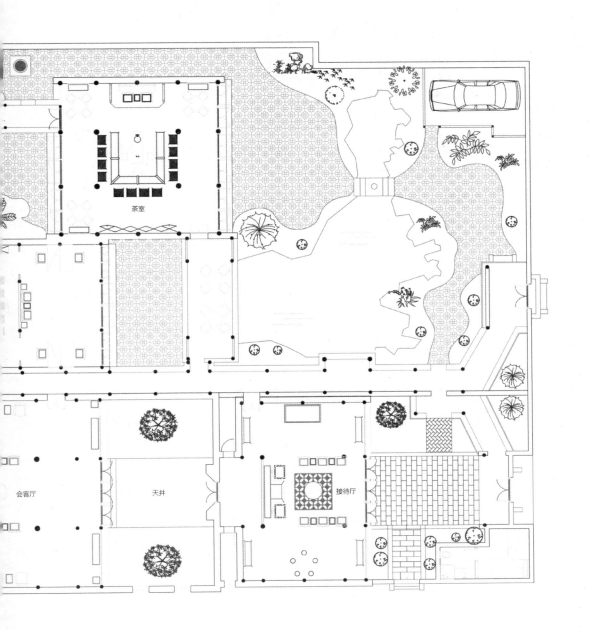

茶室

会客厅　　　天井　　　接待厅

总平面图

〔荷湄草堂的改造方案〕

苏州美瑞德建筑装饰有限公司将苏州园林的精妙元素融入其中,还对古建筑"古为今用"的使用功能进行了探索。在改造过程中,设计公司严格遵守国家文物保护法,以最大限度地保存其历史信息,尽量保存和使用原构件,对其建筑造型、结构和工艺进行考证和研究;同时,采用传统工艺与现代工艺相结合的手法,按现代使用功能需求对原建筑进行改造,彻底解决了古建筑的防湿、荷载、给排水、空调等一系列问题。

改造后的荷湄草堂完整保持了原有"三路五进"的整体格局,并设置了客房、餐厅、茶室、歌厅、浴室、厨房等使用功能,且保持了传统苏州大型民宅的典型风格,呈现粉墙黛瓦、斗拱飞檐、庭院清幽的景致。设计师在装修改造过程中,满足业主的使用功能需求的同时保留了原有建筑精华,修旧如旧,浑然一体,让这座200多年历史的古宅平添了时代的气息,更体现了苏州园林古建的艺术价值。

沿门厅一路进去依次为轿厅、纱帽厅(主厅)、内厅和后厅,在轿厅与纱帽厅之间,是一座砖雕门楼。门楼上保存完好的还有"慎修思永"四个大字,落款是"道光庚戌"(距今约180年)。草堂主厅名为纱帽厅,因其房梁上的雕花做成了明代乌纱帽的样式。纱帽厅是整座宅子最气派的建筑。

内厅和后厅是传统的两层结构,现功能改为楼下休憩,楼上是卧房、书房、厢房。草堂的右路,便是前后三处大小不同的花园:薇园、竹园和石园。右路另一个特色是坐落在花园里的三处休闲亭台:迎枫山馆、海棠书屋和高醋斋。这些建筑,现被分别改造为会议室、茶室和大餐厅。

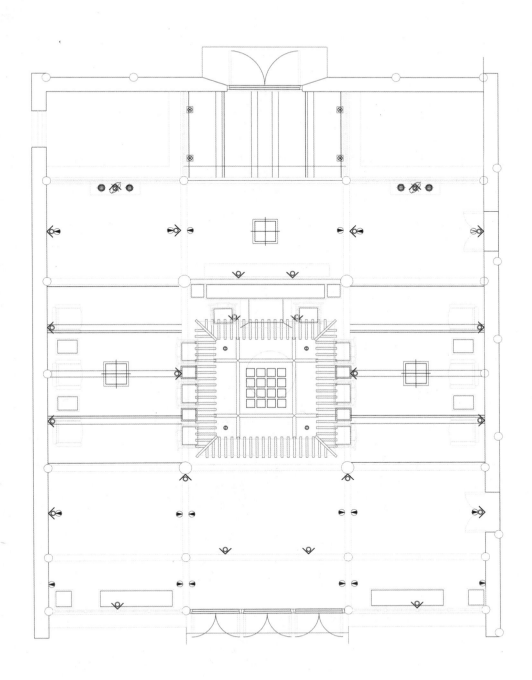

会客厅平面图

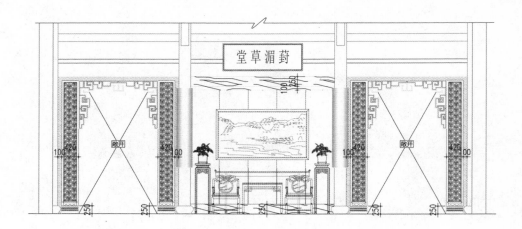

会客厅立面图1

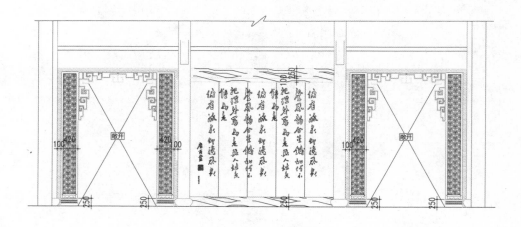

会客厅立面图2

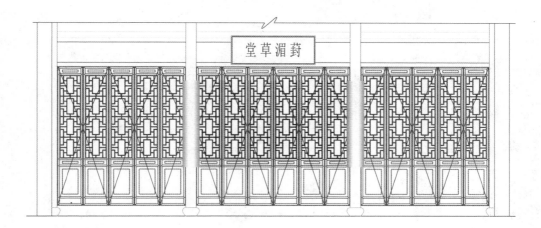

会客厅立面图 3

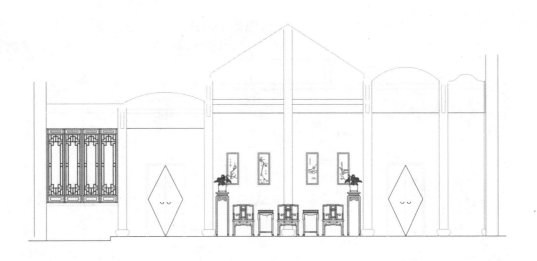

会客厅立面图 4

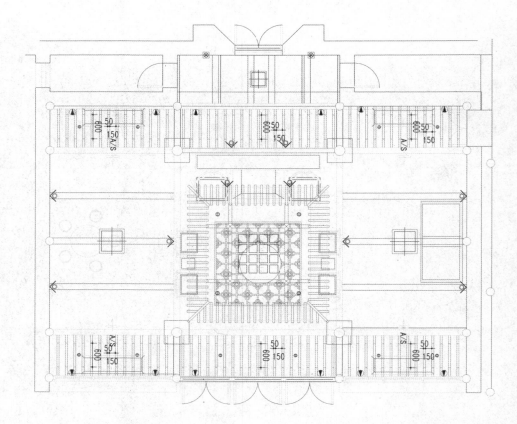

接待厅平面图

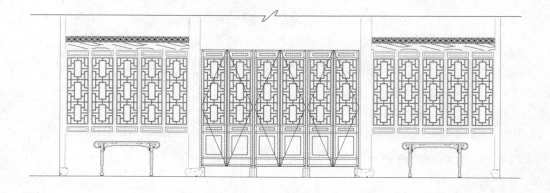

接待厅立面图 1

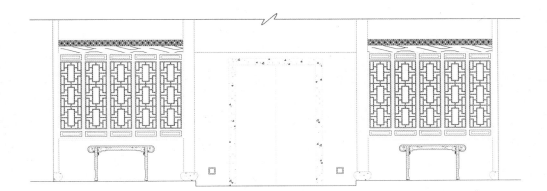

接待厅立面图2

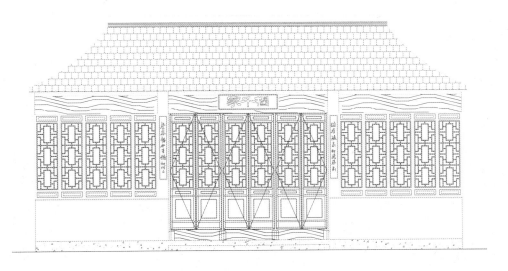

接待厅立面图3

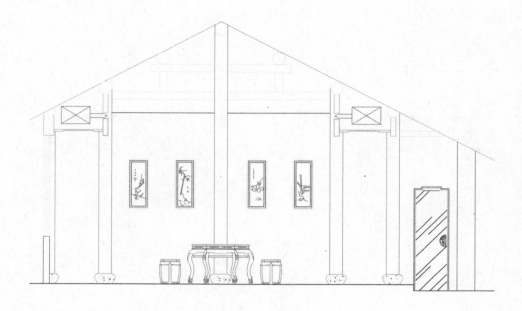

接待厅立面图 4

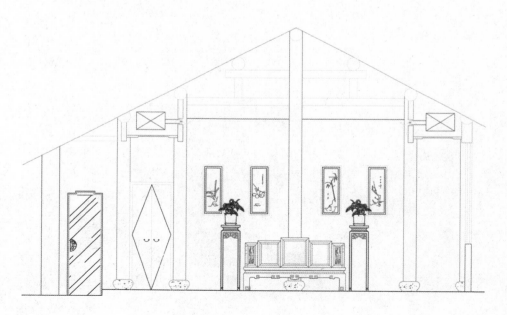

接待厅立面图 5

古民居改造

　古民居改造

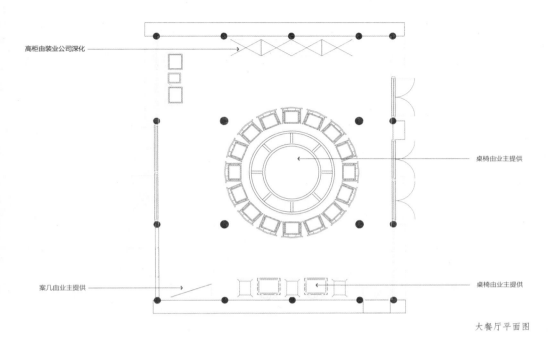

高柜由装业公司深化 ————

桌椅由业主提供

案几由业主提供 ————

桌椅由业主提供

大餐厅平面图

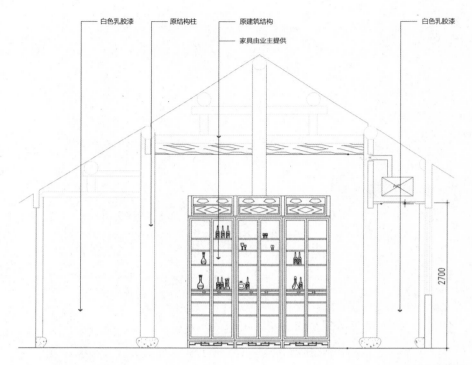

白色乳胶漆　　原结构柱　　原建筑结构　　　　　　白色乳胶漆

家具由业主提供

2700

大餐厅立面图 1

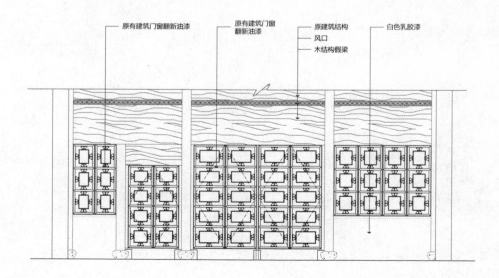

原有建筑门窗翻新油漆　　原有建筑门窗翻新油漆　　原建筑结构　　白色乳胶漆

风口

木结构假梁

大餐厅立面图 2

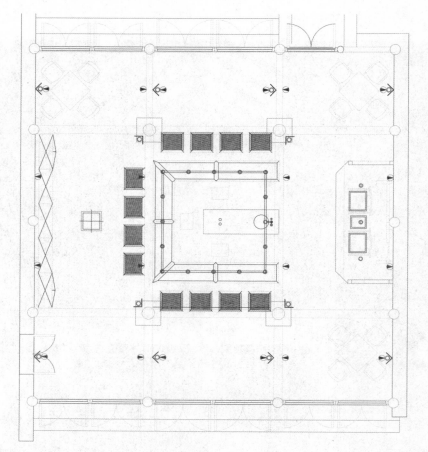

茶室平面图

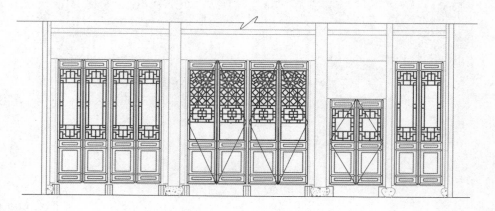

茶室立面图1

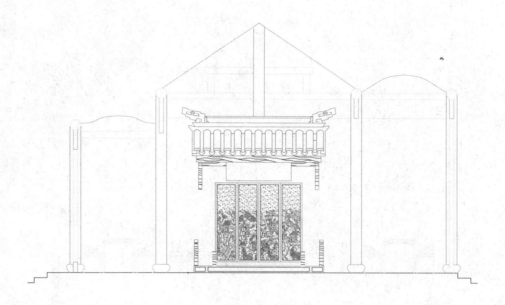

茶室立面图 2

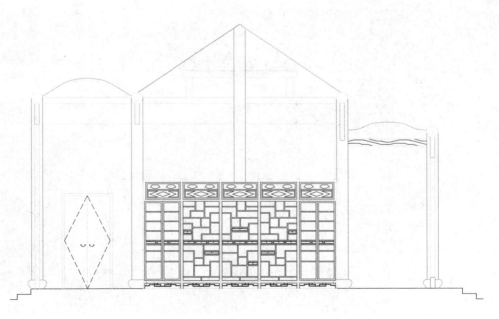

茶室立面图 3

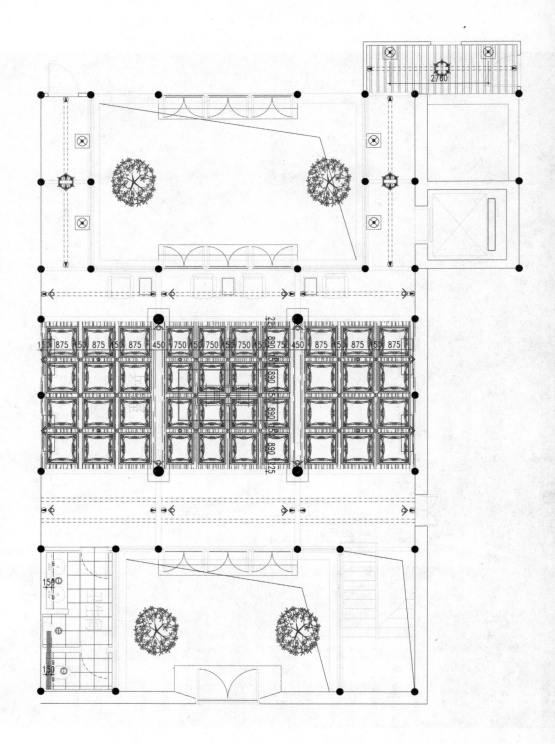

桌球室平面图

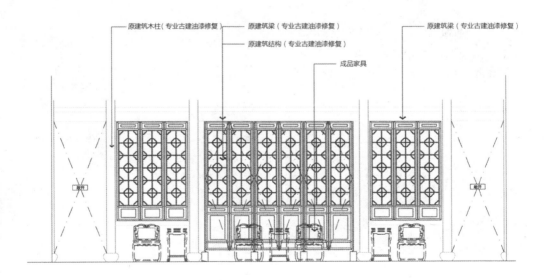

原建筑木柱（专业古建油漆修复）　　原建筑梁（专业古建油漆修复）　　　　　　　　原建筑梁（专业古建油漆修复）

原建筑结构（专业古建油漆修复）

成品家具

桌球室立面图

古民居改造

〔构造工程施工说明〕

工程概况：除原本设计有特殊要求规定外，其他各种工艺、材料均按国家规定的最高标准；本装饰设计根据土建图纸作平面布置，利用原有消防设施，没有进行变动。

（1）墙面工程

① 本工程装饰隔墙除注明外均采用"100 系列轻钢龙骨，9mm 厚双层双面纸面石膏板"轻质隔墙。

② 轴线与隔墙位置的确定：当图纸无专门标明时，一般轴线位于隔墙的中心。

③ 当图纸无专门标明时，墙面石材均为干挂，构造见"构造做法一览表"。

· 构造做法一览表 ·

	项目	具体做法	耐火等级
楼地面	石材地面	20 厚石材铺实拍平，素色水泥擦缝	A 级
		20 厚 1：4 干硬性水泥砂浆，面上撒素水泥	
		2 厚聚氨酯防水涂膜（纯涂）	
		15 厚 1：3 水泥砂浆找平层	
		纯水泥浆结合层一道	
		建筑楼板	
	抛光砖地砖（防滑地砖）地面	10 厚地砖（防滑地砖）铺实拍平，素色水泥擦缝	A 级
		20 厚 1：4 干硬性水泥砂浆，面上撒素水泥	
		15 厚 1：3 水泥砂浆向地漏找坡，$i=0.5\%$（卫生间内）	
		建筑楼板	

项目		具体做法	耐火等级
楼地面	青砖	40 厚青砖铺实拍平，素色水泥擦缝	A 级
		20 厚 1:4 干硬性水泥砂浆，面上撒素水泥	
		15 厚 1:3 水泥砂浆向地漏找坡，i=0.5%(卫生间内)	
	实木地板	实木复合地板	B1 级
		板底及四边刷封固底漆一度	
		50×30 木格栅 @300	
		采用专用地板钉固定，中距 400	
		20×20×10 厚橡胶垫	
		20 厚 1:2 水泥砂浆找平层	
		建筑楼板	
	阻燃羊绒地毯	阻燃地（块）毯	B1 级
		20 厚 1:2 水泥砂浆找平层	
		建筑楼板	
内墙面	石材干挂	30、20 厚石材 (20 厚微晶石)	A 级
		普通镀锌干挂件（背栓式镀锌干挂件）	
		5# 镀锌角钢焊接与槽钢	
		8# 镀锌槽钢焊接与钢板	
		200×200×10 钢板四角用膨胀螺丝与墙体固定	
		墙体	
	乳胶漆墙面	乳胶漆一底二度（防霉）	A 级
		墙面刷纯水泥浆一遍	
		5 厚 1:1:4 水泥石灰砂浆	
		15 厚 1:1:6 水泥石灰砂浆括糙	
		建筑墙体	
	瓷砖、抛光砖墙面	面砖（瓷砖）、抛光砖	A 级
		3 厚 (JCTA—300) 陶瓷砖粘合剂	
		15 厚 1:2 水泥砂浆找平层	
	木饰面贴面墙面	12 厚成品木饰面	B1 级
		泡沫胶	
		防火涂料三度	
		50 轻钢龙骨副龙骨，12 厘板加强条	
		墙体	

项目		具体做法	耐火等级
内墙面	木饰面挂板墙面	15厚成品木饰面	B1级
		专业镀锌木饰面扣件	
		3# 镀锌角钢焊接与槽钢	
		墙体	
	软（硬）包墙面	成品软（硬）包	B1级
		防火涂料三度	
		9厚细木工板基层	
		墙体	
	墙纸	墙纸	B1级
		墙纸粘贴剂	
		墙面刷纯水泥浆一遍	
		5厚1:1:4水泥石灰砂浆	
		15厚1:1:6水泥石灰砂浆括糙	
		建筑墙体	
	镜面	镜面玻璃	A级
		普通云石胶	
		5厚1:1:4水泥石灰砂浆	
		15厚1:1:6水泥石灰砂浆括糙	
		建筑墙体	
顶面	轻钢龙骨纸面石膏板吊顶	内墙乳胶漆一底二度（条形矿棉板专用暗龙骨吊顶）	纸面石膏板B1级 轻钢龙骨石膏板吊顶A级
		9.5厚及12厚纸面石膏板，自攻螺丝拧牢，钉眼防锈处理	
		轻钢次龙骨 50×19×0.5，中距600 覆面龙骨 50×19×0.5，中距400	
		轻钢主龙骨 60×20×1.5，中距900（吊点附吊桂）	
		Φ10镀锌全螺纹吊杆，双向吊点（中距900一个）	
		（具体参见 GB/T 11981—2001）	
	乳胶漆顶面	涂料三度	A级
		刮腻子找平	
	轻钢龙骨铝扣板吊顶	6厚铝扣板	A级
		轻钢次龙骨 50×19×0.5，中距600	
		轻钢主龙骨 60×20×1.5，中距900	
		Φ10镀锌全螺纹吊杆，双向吊点（中距900一个）	

（2）门窗工程

① 设计选用的门窗材料、规格及配件等。

② 设计图所示门窗尺寸为门窗实际加工尺寸。

③ 除在图中有特别标明"按装饰设计施工"以外，建筑防火门、疏散楼梯门不属于本设计范围内。

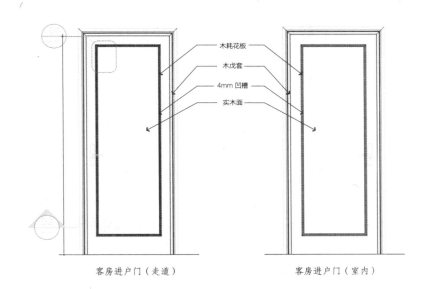

客房进户门（走道）　　　　　　　　客房进户门（室内）

（3）地面工程

卫生间楼地面应做基层防水处理（按国家规定的验收标准），具体做法见"构造做法一览表"。

（4）顶面工程

①本工程吊顶材料无专门标明时，均采用"60系列轻钢龙骨，12厚纸面石膏板"。具体做法见"构造做法一览表"。

②卫生间顶面材料如采用纸面石膏板，特指"防水纸面石膏板"。

（5）其他

①隐藏钢结构表面不低于 st2 级，底漆为两道红丹醇酸防锈漆。

②进行油漆工程之前，先进行油漆色板封样，征得设计师同意后方可大面积施工。

③凡本工程所用装饰材料的规格、型号、性能、色彩应符合装饰工程规范的质量要求，施工订货前会同建设、设计等有关各方共同商定。

［材料工程施工说明］

（1）石料工程

①材料：石料本身不得有隐伤、风化等缺陷，清洗石料不得使用钢丝刷或其他工具，以免破坏其外露表面或在上面留下痕迹。

②安装：

一是要检查底层或垫层安施妥当，并修饰好。

二是要确定线条、水平图案，并加以保护，防止石料混乱存放。

三是要在底、垫层达到其初凝状态前施放石料。

四是要用浮飘法安放石料并将之压入均匀平面固定。

五是要令灰浆至少养护 24 小时后方可施加填缝料。

六是要用勾缝灰浆填缝、填孔隙，用工具将表面加工成平头接合。

③清洁：

一是要在完成勾缝和填缝及在这些材料施放和硬化之后，清洁有尘土的表面，所用的溶液不得有损于石料、接缝材料或相邻表面。

二是要在清洁过程中应使用非金属工具。

④石料加工：

一是将石料加工成所需要样板的尺寸、厚度和形状并准确切割，保证尺寸符合设计要求。

二是准确塑造特殊型、镶边和外露边缘，并且进行修饰以与相邻表面相配。

三是提供的砂应是干净、坚硬的硅质材料。

（2）木工工程

①材料：材料应使用最好之类型。自然生长的木料，必须经过烘干或自然干燥后才能使用，没有虫蛀、松散或腐节等缺点，锯成方条形，并且不会出现翘曲、爆裂及其他因为处理不当而引起的缺点。

②防火设计：

一是所有基层木材均应满足防火要求，表面三度防火涂料，防火涂料产品符合消防部门验收要求。

二是玻璃幕墙与每层楼板、隔墙处的缝隙采用不燃材料严密填实（声学要求除外）。

三是所有的建筑变形缝内均采用不燃材料严密填实。

四是所有建筑墙面上开洞、开孔后均采用不燃材料严密填实。

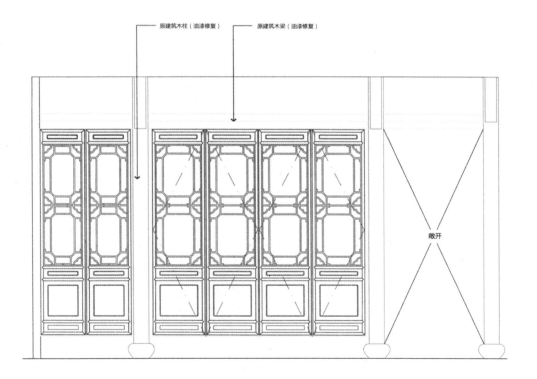

小餐厅立面图1

③制作工艺与安装见以下一览表。

· 制作工艺与安装一览表 ·

制作工艺	安装方法
终饰	当采用自然终饰或者采用指定为染色、打白漆，或油漆被指定为终饰时，相连木板在形式、颜色或纹理上要相互协调。
收缩度	所有木工制品所用之木材，均应经过干燥并保证制品的收缩度不会损害其强度和装饰品之外观，也不会引起相邻材料和结构的破坏。
装配	承建商应完成所有必要的开榫眼，接榫，开槽，配合做舌榫嵌入、榫舌接合和其他的正确接合之必要工作。 提供所有金属板、螺丝、铁钉和其他室内设计要求的，或者为顺利进行规定的木工工作所需的装配件。
接合	木工制品须严格按照图样的说明制作，在没有特别标明的地方接合，应按该处接合之公认的形式完成。胶接法适用于需要紧密接合的地方。所有胶接处应用交叉舌榫或其他加固法。 所有铁钉头打进去并加上油灰，胶合表面接触地方用胶水接合，接触表面必须用锯或刨进行终饰。实板的表面需要用胶水接合的地方，必须用砂纸轻打磨光。 有待接合之表面必须保持清洁，不肮脏，没有灰尘、锯灰、油渍和其他污染。
划线	所有踢脚板、框缘、平板和其他木工制品必须准确划线以配合实际现场达成应有的紧密合。
镶嵌细木工工作	细木工制品规定要嵌镶的地方，应跟随其周边的工作完成之后嵌入加工。
清洁	除特别指出的终饰之外，承建商应清洁相关木工制品，使其保持完好状态。所有柜子内部装饰，包括活动层板应涂上二度以上清漆使其光滑，且根据设计要求进行必要的补色等工艺。
木材、夹板成型架框	一般用木材成架安装于天花板上时，应确保所有部件牢固及拉紧，且不得影响其他管线（风管、喷淋管等）走向，依照设计图纸固定于天花。全部木作天花均要涂上三层本地消防大队批准使用的防火涂料。

（3）装饰防火胶板工程

防火胶板的粘结剂应使用与防火胶板配套使用的品牌，并遵守使用说明。

（4）装饰五金工程

所有五金器具必须防止生锈和沾染，使用前应提供样品征得筹建处及设计师同意。在完成工作后所有五金器具都应进行擦油、清洗、磨光等防锈操作，所有钥匙必须清楚地贴上标签。

（5）金属覆盖板工程

① 材料：金属板必须可以承受本身的荷载，而不会产生任何损害性或永久性的变形。

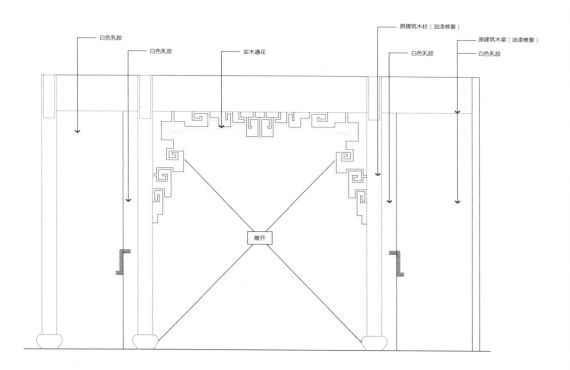

小餐厅立面图2

② 安装:

一是墙体骨架如采用轻钢龙骨时,其规格、形状应符合设计要求,易潮湿的部分进行防锈处理。

二是墙体材料为纸面石膏板时,安装时纵、横接缝应拉开 5mm 至 8mm。

三是金属饰面板安装宜采用抽芯铝铆钉,中间必须垫橡胶垫圈。抽芯铝铆钉间距以控制在 100mm 至 150mm 为宜。

四是要安装突出墙面的窗台、窗套凸线等部位的金属饰面时,裁板尺寸应准确,边角整齐光滑,搭接尺寸及方向应正确。

五是板材安装时严禁采用对接。搭接长度应符合设计要求,不得有透缝现象。

六是外饰面板安装时应挂线施工,做到表面平整、垂直,线条通顺清晰。

七是阴阳角宜采用预制角装饰板安装,角板与大面搭接方向应与主导风向一致,严禁逆向安装。

九是保温材料的品种、填充密度应符合设计要求,并填塞饱满、不留空隙。

(6) 玻璃工程

① 材料:提供样板并在安装切割之前送交筹建处及设计师审批。所有镜子的边要光滑,在安装前用砂纸擦过。室内安装玻璃要用毡制条子,颜色要与周围材质相配。

② 制作工艺及安装:

一是要准确地把所有玻璃切割成为适当的尺寸,安装槽要清洁、无灰尘。

二是所有螺丝或其他固定部件都不能在槽中突出。所有框架的调整应在安装玻璃之前进行。所有封密剂作业表面平整光滑,与其他相邻材料无交叉污染。玻璃工程应在框、扇校正和五金件安装完毕后,以及框、扇最后一遍涂料前进行。

三是中庭的围护结构安装钢化玻璃时，应用卡紧螺丝或压条镶嵌固定。玻璃与围护结构的金属框格相接处，应衬橡胶垫。

四是要安装玻璃隔断时，磨砂玻璃的磨砂面应向室内。

③ 玻璃的基本要求：

一是要落地玻璃屏风的厚度最小12mm，它们必须能够抵受最大2.5kPa的风压力或吸力。

二是玻璃必须顾及温差应力和视觉歪曲的效果。

三是玻璃必须结构完整，无破坏性的伤痕、针孔、尖角或不平直的边缘。

（7）油漆工程

① 材料：本施工图所有未标明之公共空间的油漆均用聚酯漆十度左右，除公共空间外，其余均用半哑光漆六度。所有未标明之墙面、平、顶面涂料均采用材料表所注明之涂料三度。

② 制作工艺：

一是没有完全干透，或环境有尘埃时，不能进行操作。

二是对所有表面之洞、裂缝和其他不足之处应预先修整好，才进行油漆。

三是要保证每道油漆工序的质量，要求涂刷均匀，防止漏刷、过厚、流淌等失误。

四是在原先之油漆涂层结硬并打磨后，才可再进行下一道工序。

五是在油漆之前应拆卸所有五金器具，并且在油漆后安回原处，保证五金器具不受污染。

六是上油漆应先进行油漆小色板的封样，在征得筹建处和设计师同意后方可大面积施工。

图书在版编目（CIP）数据

古民居改造 / 凤凰空间·华南编辑部编 . —— 南京：
江苏凤凰科学技术出版社，2019.3
ISBN 978-7-5537-9894-3

Ⅰ .①古… Ⅱ .①凤… Ⅲ .①民居 – 古建筑 – 改造
Ⅳ .① TU746.3

中国版本图书馆 CIP 数据核字 (2018) 第 278436 号

古民居改造

编　　　者	凤凰空间·华南编辑部
项 目 策 划	任铭裕
责 任 编 辑	刘屹立　赵　研
特 约 编 辑	任铭裕

出 版 发 行	江苏凤凰科学技术出版社
出版社地址	南京市湖南路1号A楼，邮编：210009
出版社网址	http：//www.pspress.cn
总 经 销	天津凤凰空间文化传媒有限公司
总经销网址	http：//www.ifengspace.cn
印　　　刷	天津久佳雅创印刷有限公司

开　　　本	710 mm×1 000 mm　1 / 16
印　　　张	12
版　　　次	2019年3月第1版
印　　　次	2024年1月第2次印刷

标 准 书 号	ISBN 978-7-5537-9894-3
定　　　价	88.00（元）

图书如有印装质量问题，可随时向销售部调换（电话：022-87893668）。